UnRead

–

生活家

如何畅享啤酒

Drink Beer, Think Beer

〔美〕约翰·霍尔 著
张潍 译

北京联合出版公司
Beijing United Publishing Co., Ltd.

汉娜，等你 18 岁生日那天，我会在伦敦的一家酒吧向你解释这一切。等你 21 岁的时候，我们再去美国的一家啤酒厂进一步深入探讨这个话题吧。

赞赏《如何畅享啤酒》

在约翰·霍尔的新书中，他邀请了有鉴赏力的饮酒者和他一起坦率地畅谈手工酿制近期的成功和未来的挑战。简短和简洁是它最大的两个优点，而且它涵盖了这么多的领域，这意味着，将如承诺的那样，大量的思考会贯穿你的全部阅读过程。我把它和一种陈年啤酒搭配，这种风格非常适合啜饮和沉思。

——本·基恩（Ben Keene），《啤酒倡导者》

（*Beer Advocate*）的编辑主任

目 录

引 言

啤酒里所蕴含的哲学远胜于世上所有的书籍。

——路易斯·巴斯德（Louis Pasteur）

大约四十年前，一些先驱者冒险尝试了啤酒。多亏了他们，多亏了那些想要选择并支持他们努力尝试的消费者，才使得今天的美国存在一种酿造文化，它不仅创造和支持了当地的饮酒社区，还把酿酒发展成为一种全球化的现象。目前，在美国经营中的啤酒厂比历史上任何一个时期都多。在可预见的未来，除非发生重大事件，否则它们的数量还会增长。更多的啤酒厂意味着更多的啤酒，还意味着人们会有更多的机会在旅行中或自家附近喝上一品脱[1]啤酒。啤酒产业的发展也将使这种世界第二畅销的饮料（咖啡的销量打败了啤酒）有更多的实验者。因此，每当人们走进酒吧，都会有更多的选择，同时也产生了更多的困惑。

虽然现在是成为好酒之徒的好时机，但可供选择的啤酒种类之多，即便是最有经验的酒徒也会难以招架（相信我）。对于那些刚开始接触这个由水、麦芽、啤酒花和酵母组成的世界

---

[1] 品脱是容量单位，1 品脱 ≈500 毫升。——编者注

的人来说，铺天盖地的广告宣传和无处不在的产品（摆放在货架上、酒吧龙头旁），他们似乎更容易默认大型啤酒厂提供的熟悉的选择，让他们产生产品容易买到、容易让人接受的共鸣。

这就像很多人重新意识到吃当地生产的食物的重要性，知道食物来自哪里，并且敢于冒险在家烹饪一样，品尝啤酒也有相似的原则。我们可以安于现状，也可以扩展和尝试更多选择。说到啤酒的风味，配料众所周知：异国水果和蔬菜、蛋白质、木材、香草，甚至还有一些令人恶心的东西（提示：一些酿酒厂在啤酒中加入了动物器官和其他部位）。我在本书的开头提这些为时过早。哪怕是最随性的饮酒者，只要花点儿时间去学习一下相关知识，就能开启一个全新的啤酒世界。找到那些适合心情、情绪或个人口味的啤酒，这会使啤酒成为一种独特的个人冒险，就像在某家餐馆里发现了最合口味的菜一样。

由于这种探索尝试，啤酒厂在很大程度上已经成为一个旅游目的地。你很难找出哪本信息全面的旅游指南里连一家啤酒厂都没有提到。情侣和朋友们围绕着参观啤酒厂制订度假计划，狂热的啤酒爱好者们一大早就起床，在啤酒厂门外排队等候购买限量生产的啤酒，就像排队买苹果智能手机（iPhone）一样。内华达山脉酿酒公司（Sierra Nevada Brewing Company）的大楼位于北卡罗来纳州的米尔斯河畔，因其酿酒设备给成年人带来的敬畏和孩子般的欢乐而获得了"麦芽迪士尼世界"（Malt Disney World）的绰号，酿酒人享受着犹如摇滚明星一样的待遇：粉丝们在节日里排队，期待有机会喝上一杯由他们的英雄亲自倒的酒，或者来一张自拍、碰一记拳。

我就是这样的粉丝（除了不太可能碰拳）。我喜欢享受精心调制的一品脱好酒，会迷失在琥珀色的印度淡色麦芽啤酒（IPA）前，望着气泡从杯底猛地冒起来，在杯顶形成一层泡沫。我这样的酒徒会睁大双眼，看着烈性啤酒那棕色的液体从陈年特制橡木桶中流出，闻到那甜蜜、强烈的气味，会觉得无比快乐。我迷惑不解，试图弄清楚味蕾后面那种非常特别的味道，辣椒、百里香、咖啡。然后我会兴奋地和同好们热烈讨论着风味和它们之间的细微差别。

与此同时，我也是一名记者。从十六岁起，我就在一家地方公共电视台的新闻编辑室实习，负责播报晚间新闻。后来我去了报社，在《纽约时报》（*New York Times*）工作了八年。这八年里，有相当长一段时间都是在报道犯罪和政治（它们常常是一回事）。每天都有新的故事、新的采访对象、新的城市等着我去探索。这正是工作中我最喜欢的一点：每天早晨醒来，我知道要去哪里工作，但是不知道我的任务是什么（现在我正在喝啤酒，根据前一天晚上的情况，早上起来可能会更困难）。

距我二十一岁生日还有三个月时，我的朋友马克·克里根（Marc Cregan）给我订购了一份啤酒俱乐部的“每月选酒”。每个月我会收到六瓶啤酒，我把它们冰镇起来，试着品尝。这些酒通常是新罕布什尔州（New Hampshire）的脏鼻子酿酒公司（Smuttynose Brewing Company）生产的。出于对给我订酒的朋友的尊重，也是相信他的品位，我答应他每种酒都尝试一下。

沮丧的是，对于啤酒花的轰炸和乱七八糟的混合酒，我无法逃避地承认自己失败了，只好把这些酒倒进了下水道。但啤酒已经引起了我的兴趣。小时候在家里，我爸爸喝喜力（Heineken）啤酒，其他人大都喝百威啤酒，然后津津有味地回忆着巴拉丁（Ballantine）、帕布斯特（Pabst）等啤酒在纽瓦克（Newark）、新泽西（New Jersey）一马当先的日子。

满二十一周岁那天，我走进当地的啤酒厂。在我上大学的镇上曾经有（现在还有）一家卖自制啤酒的酒馆，它有种英国酒馆的感觉（过去和现在都是）。二十世纪九十年代初期，英国酒馆的风格在啤酒厂间很流行。在南奥兰治郡（South Orange）的煤气灯酒厂（Gaslight Brewery）里，我点了一杯名字由三个字母组成的啤酒——印度淡色麦芽啤酒（IPA），匆忙地灌了下去。在我强迫给自己灌酒时，一个名叫杰夫·莱文（Jeff Levine）的酒保——后来我们成了朋友——强忍着笑意。我不顾自己的判断，又点了一杯。

这次，我问了杰夫一些关于啤酒的问题，他给我简单地讲了讲啤酒花、松木和葡萄柚。这些都是我们熟悉的香气和风味，对吗？啤酒里应该有这些成分。杰夫告诉我，啤酒的苦味是饮酒体验的一部分。

我带着新知识摇摇晃晃地离开，也开始准备再多了解一些。之后再为报社工作出差时，我每到一个地方就去寻找当地的啤酒厂。那段时间，啤酒厂通常也是一家酒馆，我总在那里吃晚餐或在睡前喝一杯。之所以这样做有三个原因：

1. 酒馆里的食物很适合搭配啤酒，比我住的任何一家假日酒店（Holiday Inn）的大堂吧都要好。

2. 当地的酒馆能让我更深入地感受到这个镇子或城市的氛围。不管去那里是为了写什么样的人间悲剧，酒馆都能使工作产生重要又细微的差别。

3. 我可以继续了解啤酒。那时我只是一个啤酒爱好者。花了很多年，我才能够坦然地加上“权威”二字。不久，我结束了报道犯罪案和政治的工作，转向关于啤酒的写作。起初，我在一些小型刊物上发表文章，比如《麦芽酒街新闻》（*Ale Street News*）和《啤酒喜闻》（*Celebrator Beer News*）。这两家月刊分别报道东岸和西岸的啤酒，它们是由一群行业退休人员创办的，员工里有很多自由职业者。我了解到了地方啤酒报道的重要性，学会了用恰当的方式来写啤酒的风味。后来我成了《麦芽酒街新闻》的新闻编辑，我喜欢那里每周一换的内容风格：钻进啤酒产业奇奇怪怪的角落里，采访至今也默默无名的酿酒人，试图从每天收到的数十篇新闻稿中发现啤酒发展的趋势。2009 年，一家短命的全国性刊物《啤酒鉴赏家》（*Beer Connoisseur Magazine*）聘请我做副主编。我在这家杂志上发表过关于啤酒行业人物的报道，比如塞缪尔·亚当斯（Samuel Adams）和角鲨头（Dogfish Head）的老板，并将报道和评论的范围拓展至国际上的啤酒。2013 年，我开始担任《关于啤酒的一切》（*All About Beer Magazine*）杂志的编辑。这家杂志创办于 1979 年，是美国历史最悠久的啤酒出版物。我在这里度过了近五年的快乐时光，并且颇有成绩：我修改了杂志的版面，与富有才华的作者合作，创造了有深度又引人入胜的故事。同时，我也有幸和一些我所见过的最优秀的人共事。我还周游世界，在五大洲和几乎所有国家写作、报道。2017 年，我被任命为《精酿啤酒与酿造》（*Craft Beer and Brewing Magazine*）杂志的高级编辑，继续报道啤酒产业和国内酿酒行业，那时的爱好和激情其实是现在啤酒复兴的开端。

那段时间，我主持或联合主持过一些播客节目。同时，我还为《华盛顿邮报》（*Washington Post*）、《狂热酒徒》（*Wine Enthusiast*）这些刊物写啤酒业的报道。甚至，我还写了几本书，其中有一本书叫作《美国精酿啤酒食谱》（*American Craft Beer Cookbook*），我在书中大力赞扬了好啤酒和美食搭配的绝妙。

那时，作为一名全职报道啤酒的记者，我有幸处于整个酿酒业的重大事件的前沿，且拥有置身事件中心的特权。我带着健康的好奇心、详尽的旅程走遍世界每个角落实地研究，同时还有责任感，我要把从专业人士、酒徒同好、历史书里学来的东西和大众分享，最终使你手上的这本书得以面世。

啤酒不仅仅是一品脱玻璃杯中各种原料的混合物。围绕啤酒杯，还有很多其他元素需要我们去认知、欣赏和理解。啤酒对经济有影响，它还是一种社交习俗。啤酒和家庭有着千丝万缕的联系，你对父辈和祖辈喝啤酒有着美好或不美好的回忆。与同事们谈论大型的啤酒厂向超级碗（Super Bowl）灌入了幽默（或不幽默的）广告。高速公路沿途不停闪现的广告牌，酒馆窗户里的霓虹灯标志，电台里播放的广告歌，以及亲朋好友在聚会时谈论的只有啤酒。

啤酒是关于进步和辛勤工作的故事：农民们辛苦耕种，获得原料；社会活动家们为保持水源纯净而斗争。尽管历史课不会讲到啤酒，它只是一个小角色，但在世界历史上却有着极为重要的地位：朝圣者乘“五月花号”（the Mayflower）到来时，随身携带的饮品中就有啤酒；工业革命时期，冰箱技术的进步使啤酒的运输和储存更容易。啤酒甚至渗透到政治活动和大学课堂里。啤酒产业不再只是它自己的产业。

由于美国的强大影响力，啤酒文化在全球范围内开始复兴。有着悠久且自豪的酿酒传统的国家，正在效仿美国的做法，翻新经典的风格和配方。

无论美国内外，啤酒在大众文化中无处不在。汤姆·T. 豪尔（Tom T. Hall）用铿锵有力的声音唱过一首歌，关于啤酒如何帮他放松，使他感受微醺的快乐，让他成熟。周末野餐时，人们选择用红色的一次性塑料杯来喝小桶啤酒。拉维恩（Laverne）和雪利（Shirley）仍是所有在瓶装生产线上工作的人眼中流行文化的守护神。像达夫（Duff）这种虚构出来的品牌，现在也在环球主题乐园（Universal theme parks）的辛普森一家（the Simpsons）所在的区域供游客消费。简直太棒了！

事实上，虽然现在是成为啤酒酒徒的好时机，但也是一个令人困惑的时机——有些劣质的啤酒提供了错误的风味信息，也可能是可选择的啤酒太多。尽管所有公关公司和行业协会都会面带微笑，阳光明媚，但背后也有黑暗的一面：花钱做账目、找渠道获取不被认可的原料、不安全的工作环境，行业里潜藏着种族歧视和性别歧视，似乎仍旧只青睐白种男性。

喝啤酒很容易：倒酒，喝进嘴里，咽下去。思考关于啤酒的问题则难得多。啤酒是一种社交饮料，从朋友们下班后发泄情绪的聚会，到革命者们策划战争的会面，啤酒总是能把人们聚在一起。对越来越多的人来说，啤酒是生活中不可或缺的一部分，它已经延伸至网络聊天室，人们讨论着去啤酒厂度假，以及对品尝稀有啤酒的无止境的追求，如少量存在的鲸鱼啤酒。尽管这种把喝啤酒当作运动的活动对于有些人来说是乐趣（当然也给一些啤酒厂带来利润），但对于整个行业而言，它没有任何好处。一些喝葡萄酒或烈酒的人对啤酒嗤之以鼻，他们不肯认真地对待啤酒。实话实说，谁能怪他们呢？

禁酒运动前后的酿酒行业，主要为我们提供了一种风格的啤酒。可以把它看作普通的啤酒味的啤酒，容易入口，而且通常没什么特别的味道。对于一些人来说这种啤酒就是一切，对于其他人来说则远远不是这样。由于啤酒廉价，唾手可得，它被认为是低级的，甚至是垃圾。

禁酒运动之后，葡萄酒在高档餐桌上独领风雅。烈酒借助鸡尾酒，和高端娱乐活动相映。啤酒虽然从二十世纪七十年代开始迅速发展，但有些人仍然看不上啤酒，也许是因为长久以来社会对啤酒的污名，也许是因为有人在大学时期有过糟糕的饮酒经历，或者有些啤酒的苦味太过强烈，又或许是因为他们只是迎合市场、抵抗啤酒。如果你认识的人里有谁符合上述描述，现在是时候去改变他们的想法：啤酒味的啤酒，已经成为过去。

啤酒尽管已有数千年的历史，但现在才终于迎来属于它的时代。科学帮助酿酒师生产出更好的啤酒，技术帮助农民更有效地种植大麦和谷物，并开发新的啤酒花品种。实验室每个月都要学习更多关于酵母的知识，提取并培育出不同种类的菌株，为啤酒添加新的风味。有些实验室正在致力于培育从特定地区采集来的野生酵母菌，这意味着你真的能喝到真正的当地啤酒。

如今，经过了火箭般的快速发展，我们很难忽视啤酒引起的无尽浪潮，有好也有坏，初尝鲜的人们和真正的啤酒爱好者共同塑造了日常饮酒的经验，也吸引更多的人来尝试啤酒的味道。目前美国有近七千家啤酒厂，也许你家周围就有几家，以后还会有更多。

啤酒的风味不止一种，我们当然不会只局限于“尝起来像啤酒”的那种。供我们选择的风味似乎无穷无尽，正因为如此，我坚信，比起其他酒类，啤酒更适合和任何一种食物搭配。是的，哪怕是葡萄酒。餐馆看来也认同这一点：750 毫升的瓶装啤酒或散装啤酒已经被列在了乡间高级餐厅的酒水单上；高端啤酒正在取代或加入长期存在于煎玉米卷餐车、汉堡店、经济快餐店里的普通储藏啤酒，创造了一种更全面的饮食体验。

正如现代技术改变了我们的酿酒方法一样，社交媒体把我们推进了一个永不打烊的全球酒吧，在那里，似乎每个人都有平等的发言权。整个网络和虚拟社区的存在是为了探讨、评论、剖析、八卦、交易，并沉迷于啤酒的魅力。从时而尖刻、固执己见的“啤酒倡导者”（Beer Advocate）——办了一份杂志和几个啤酒节，到更善于分析的、更自负的“啤酒点评”（Rate Beer）[现在由百威英博啤酒集团（Anheuser-Busch InBev）的风险投资公司部分拥有]，再到无处不在的“未开瓶”（Untappd）（一款允许饮酒者在酒吧签到的手机应用程序），动动手指，人们就能找到志趣相投的酒吧哲学家、他人主动提供的建议，或讨厌的人。

啤酒不是二元的。它一直在不断地进化，关于啤酒是什么，不是什么，以及能成为什么，有无数的争论。曾经有一个公认的事实是，带有臭味的啤酒是有缺陷的，（你总喝过喜力吧？）阳光会对啤酒花产生负面影响。不过，现在有些啤酒厂已经开始反击，他们认为，少许日光嗅味可能恰恰改善了某种啤酒的风格，比如塞森啤酒（Saison）。

所有向市场投放了全部新风味的新啤酒厂，都需要脱离群体，树立它们自己的风格，和历史标准区分开。因此，十几年来，“精酿”一词属于啤酒，这意味着某种庄严：精酿啤酒比大集团大批量生产的啤酒品质更好。那些公司巨头正在买下小型啤酒厂，并把它们加入自己已经很稳固的系列产品中，比如百威英博啤酒集团。这种现象支持了百威（和其他啤酒）的生产商大量地使用“精酿”这个词。结果，较小的品牌只能去寻找新的别名。

不过，归根结底，精酿啤酒仍是啤酒，仍是人们在酒馆聚会时喝的东西，大家仍然用它为成功和失败干杯，用它庆祝胜利，或把它喝下去作为逃避的方式。大量饮酒后的翌日清晨，我们会诅咒它。它不仅仅是一种液体。有天晚上喝过几轮之后，一位朋友恰当地向我指出，啤酒是生活的附录。我们越承认啤酒的地位，就会越发欣赏了解啤酒，以及它的历史、它在我们这个世界上的社会地位，我们喝酒的体验就会越发满意。

自禁酒期后的第一家啤酒厂开业以来的四十年里，啤酒业在学会爬之前就学会了跑。它现在跑得太快，很少有人停下来想想如此迅速的发展会产生什么后果。为了发展而发展不大可能是好事，啤酒面临着迷失方向、失去灵魂和重要性的危险，还可能失去用以区分它和其他酒精饮料的特征。过度商业化，为了适应人类对甜味的自然偏好，以及刻意追逐下一个新兴事物，导致一些啤酒商开辟了一条未经探测的道路，引导饮酒者（尤其是年轻人）偏离了啤酒的根源。作为对这种现象的回应，还有一批喝啤酒的人，我们可以称他们为纯粹主义者，但他们其实经验丰富，已经对啤酒颇为了解。他们向年轻人大喊：你们喝的新型啤酒风格本质上是皇帝的新装。

我相信啤酒可以是浪漫的，相信酒杯和酒徒之间的特殊关系——闻到一杯酿造精良的啤酒冒出令人愉悦的芬芳；慵懒地靠在酒吧里，或在某个冬夜缩在你最喜爱的椅子里，读着一本好书，手中拿着一杯大麦酿的酒；最后，酒留给你圆满的充实感，可能还有几分心满意足的醉意。带木塞的啤酒开瓶时发出快乐的声响，朋友们在特殊场合下碰杯时，玻璃杯也发出愉快的叮当声。

对于啤酒所有的特殊之处，我们正在让它变得不那么特殊。人们去星巴克（Starbucks）或唐恩都乐（Dunkin' Donuts）只是出于习惯和便利，并不全是因为他们深爱那里的产品。你只不过是这样做了，并且，那些公司生产的咖啡和甜点被证明品质是足够好的。有些啤酒适合这种模式，比如，百威淡啤酒（Bud Light），但是，难道仅仅因为它们的存在和流行，就应该关注它们吗？我不这么认为。现在生产出来的高品质啤酒那么多（啤酒种类多得足以适应每个人的口味），已然没有必要固定只喝一种啤酒。你可以花上一整年的时间，每天尝试一种不同的印度淡色艾尔，却连现有的印度淡色艾尔的皮毛都喝不到。你还可以定期地喝同一种啤酒，比如比利时三料啤酒（Belgian-style tripel），你很可能每次都会发现一些微妙的独特之处。你不必每次喝啤酒都要想着喝酒这件事，但是喝的每口酒都是享受，不只是味蕾在享受，你的情绪也在享受。

所以，这是本什么样的书？和很多啤酒的入门书不同，这本书不仅仅描写了喝啤酒的感官体验。我相信感官元素很重要，每个吃过、喝过的人都会想到与之伴随的过程、风味和感受。感官经历使人投入得更完整，如果我们习惯于把吃喝仅仅作为供给而非享受，这种感觉尤为如此。但是，我写了十六年关于啤酒的事，现在痴迷的是那些周边的东西：饮酒经验却又不只是关于啤酒的经验，还包含了从啤酒创造开始的一切体验，以及啤酒能为个人和群体带来哪些体会。

写这本书是为了讲述一个事实：喝啤酒并不只是喝啤酒这么简单。在点一杯啤酒，喝下第一口之前，已经有数十种因素影响了你喝啤酒的决定。在接下来的文章里，我要很兴奋地揭开这些事情的面纱：从第一批现代啤酒先锋如何塑造了我们今天喝的啤酒的口味，到广告不断地在销售中起着关键作用的方式。

走在啤酒店和杂货店的货架通道上，看着那些标签和商标图形，我看到正确的颜色、设计和摆放方式能促进某些啤酒的销量。我曾坐在无数个酒吧里，目睹了从商标设计到开瓶器的形状，再到不同玻璃器皿的饮酒之美产生的神奇魔力。在聚会上，我也见到，人们因迫于社交压力而喝下能传递出某种信息的饮料。这些事我们都经历过，却极少停下来去思考。

为了能够完完全全地理解和欣赏啤酒，我们还需要考虑原始的配料——不仅是运到酿酒厂或出现在最终配方里的原料，我们还要了解它们是如何生长、耕种，如何加工，最终被人们品尝。既要了解这些原料自己的风味，也要了解它们对其他风味产生的影响。哪怕对原料只有细微的了解，喝啤酒的经验都会变得更好。还有啤酒服务、啤酒对健康的影响、啤酒的污名，对这些方面的基本知识的了解也是如此。不过，一个在喝啤酒这方面见多识广的人，并不意味着自命不凡。整个职业生涯中我都在喝着绝妙的啤酒（当然，也喝过糟糕的啤酒），都在向专业人士学习。我有第一手的经历，目睹了啤酒产业中幼稚和令人不安的一面——有些啤酒厂对待女性和少数族裔的方式让人不齿，或者故意提供不合格的啤酒。但是，我也看到了啤酒这种非同寻常的饮品带来的最好而善良的人性。

全美国有数以万计的啤酒厂和啤酒馆，酿酒产业如火如荼地发展着。在那里，你不仅能亲眼见到制作啤酒、供应啤酒的科学技术和过程，还会遇到你的邻居和从其他地方赶来的爱喝啤酒的同好们。在这些新生代的啤酒厂里，人们每点一品脱啤酒都会为当地的小型企业和社区带来帮助，包括一些辅助行业，比如配电房。

我讨论并形成过一些关于啤酒的想法，发掘了新的激情，交了新的朋友。如果你把啤酒作为旅行计划的一部分，你很可能会发现一些你从未注意到的东西。相信我，这是真实的经验。我去过丰收的啤酒花田地，在我们当地的啤酒厂里清洗过生啤酒桶。我和朋友们一起在家里酿过啤酒，也和专业人士一起批量生产过。我在酒吧的高脚凳上坐过数千个小时，花了很多时间倚靠在不锈钢发酵桶边，拿着本子做笔记，我所做的一切都是出于对这份职业的热爱，因为我想更好地了解啤酒。

之前有一部经典的电视剧——《神探夏洛克》(*Sherlock*)，让很多人知道了“思想圣殿”(mind palace)这个概念。这位著名的侦探把各种门类的信息都锁在他大脑里的某个地方，需要时再从那里获取信息。读到了这里，我也想请你们参观一下“思想酒馆”(mind pub)。这是一个只存在于头脑中的酒吧，它完美地(对于你来说)代表了你想要从酒馆里得到的一切。

酒馆的一切都由你决定，从装潢、音乐到选址。它甚至不必是一家真正的酒馆。我所希望的只是酒馆的墙上有几根水龙头和几只玻璃杯。

啤酒像生命一样，一直在进化，每天都会有新的发现、新的风味和新的人。啤酒远远不仅是酒杯里的液体，这是我学到的，并且也是希望与你们交流的一点。我认为，对酒杯外面的事物了解得越多，鉴赏的能力越强，对酒杯里的液体就会产生越好的影响。

第一章　现代啤酒复兴

每次买一品脱啤酒或买六瓶装的啤酒时，你都选择了战争中的一方。

在这场“我们和他们”的冲突里，“我们”通常是小型的啤酒厂，宣称自己致力于啤酒的精制工艺。“他们”是全球化的大型啤酒厂，比如百威英博、喜力、米勒（Miller）、摩森康胜（Molson Coors），据说“他们”更关心利润，而不是消费者或酒的品味。

即使是在“小酒厂队”的内部，也存在着争夺有限啤酒龙头的持续竞争。赢家是消费者们用钱选出来的，手段策略极其肮脏。

从很多方面来看，大家伙和小家伙的斗争塑造了现代酿酒业。要了解我们是如何发展到现在的境况，我们需要回顾一下美国的酿酒历史。尽管这个国家是建立在啤酒的基础上的，但我们从一开始就和它有着复杂的关系。

当我说美国是建立在啤酒之上的时候，这并没有你想的那么夸张。威廉·布拉德伏特（William Bradford）乘坐“五月花号”漂洋过海来定居，他在1622年的日记中写道，他原本计划向南去更远的地方，但是因为补给的问题，决定在普利茅斯（Plymouth）上岸。

他写道：“我们现在不能花费时间去寻找更多或者考虑更多，食物大部分已经消耗完了，尤其是啤酒。”所以这些热情洋溢的人上了岸就开始酿造啤酒……开始了新的定居。

对于啤酒，这毫不新鲜。历史学家告诉我们，早在公元前

15000 年，在中国和中东地区，游牧民族只有在他们种植的野草成为永久作物，使得他们有一个稳定的地方生长、收获和生活时，他们才开始定居下来。虽然当时酿造的啤酒和我们今天知道的啤酒大不相同，但那些新培育的作物和水混合起来，吸收了空气中自然的酵母，发酵出了谷物基地的酒精饮料。很多原始的酿酒师都相信接连发生的醉酒是神灵的安排，特别是在苏美尔（Sumeria）地区，酿酒女神宁卡斯（Ninkasi）常常受到颂扬。能够获得这种饮料(还有一块能定期提供食物的土地)，世界上最早的定居得以形成。

从这些微小的起源开始，我们可以快速越过时间，越过文明的起起落落，略过啤酒花等原料被人发现并成为啤酒的一部分、配方发展成熟、酿酒变成一种职业、啤酒成为一个民族的特征这些事情，最后，要说回美国。独立战争期间，美国的创立者们定期在小酒馆会面，一边喝着苹果酒和麦芽酒，一边谋划着反抗君主制，建立了现在的美国。

很多革命者常常也是酿酒师。乔治·华盛顿（George Washington）的黑啤酒配方保存在纽约公共图书馆（New York Public Library）里。托马斯·杰斐逊（Thomas Jefferson）在蒙蒂塞洛（Monticello）的家里定期酿造啤酒。事实上，家庭主妇，或者奴隶们，才是真正负责酿造啤酒的人，尽管他们有很多家务杂活儿。想象一下这些开国元老，周末站在车库里，卷着袖子，酒在罐子里热闹地发酵着，后院响起轻快的笛子声，看上去是多么有趣的事啊！但事实并非如此。也就是说，通过酿酒和饮酒，开国元老们和其他革命者把啤酒的重要性缝进了美国的构造中。

简短岔开话题：你听过本杰明·富兰克林（Benjamin Franklin）那句名言吗？就是无数T恤、品脱杯、啤酒厂里挂的海报上都贴着的那句名言，“啤酒证明了上帝爱我们，希望我们快乐”。他没有说过这句话，起码原话不是这样的。这句名言原本是关于雨水的，它滋养藤蔓，带给我们葡萄酒，而不是啤酒。尽管这句名言之谜经常被历史学家揭穿（还有富兰克林的其他名言），我还是把它写在这里，不希望它在短时间内消失。毕竟，我们当中有谁在喝了几轮之后没有错误地引用过它呢？

美国成为移民国家之后，很多通过埃利斯岛（Ellis Island）来的人希望用他们在家乡学到的技术开辟新生活，这很自然。农民去耕种，木匠制造东西，面包师傅烘烤面包。酿酒的人，当然继续酿酒。

只要有人居住的地方就有啤酒厂，尤其是沿河城市——布鲁克林（Brooklyn）、帕特森（Paterson）、纽瓦克、费城（Philadelphia）、波士顿（Boston）、芝加哥（Chicago）和圣路易斯（St.Louis）。这些啤酒厂大部分是当地的。交通便利，当地居民无须出远门就能得到他们需要的东西。比如，你住在距离某家啤酒厂十个街区的范围内，那么它就是你的啤酒厂。如果你离它十一个街区之外，那么就会有另一家离你更近的啤酒厂，你会更经常去离得近的那家。

和很多方面一样，美国人和酒精有着复杂的关系。1920

年禁酒运动兴起时，反对酒精和支持清教徒的情绪已经酝酿了几十年。当然，我们知道酒精饮料并没有完全消失。从它被迫转入地下，我们就能看到菲茨杰拉德地下酒吧时代的不朽形象。然而，作为一个整体，烈酒行业大幅缩减，尤其是啤酒花作物和苹果酒。

禁酒运动开始时，国内大约有四千八百多家酒厂。十三年后，第二十一条修正案通过，禁酒运动被废除，酒厂只剩下几百家。从那之后，消费者的境况每况愈下。大型啤酒厂越来越大，它们要么吞并竞争者，要么通过促销或提高辨识度，彻底淘汰对手。到了二十世纪七十年代，酒厂数量降至最低，大约只有五十家。

那么，现在的啤酒是如何复兴的？你听说过这样一种理论吗？一只蝴蝶在地球的一侧扇动翅膀，引起了另一侧的飓风。在美国现代啤酒的例子中，杰克·麦考利夫（Jack McAuliffe）就是这只蝴蝶。

如果要画一条线，从美国现在的精酿啤酒回溯至开端，不管这条线是不是急转弯、倾斜或上升，它都会指向麦考利夫。1976 年，他创建了新阿尔比恩酿酒公司（New Albion Brewing Company），在相对较短的时期内改变了美国的酿酒历程，从而在全球范围内复兴了这一曾经令人骄傲却一度陷入混沌的传统。

对啤酒来说，二十世纪七十年代末是一段有趣的时期。家庭酿酒再次合法化，这要感谢吉米·卡特（Jimmy Carter）在

1978年签署的法令，取消了在家中制造啤酒供个人使用需要纳税的规定。这是禁酒运动遗留下来的，联邦层面的最后的条款之一。美国各地的车库、地下室和后院里，富有创造力的人们点起火炉，拿起那些通常被大型酿酒公司（它们主要选择大批量地生产窖藏啤酒）抛弃的配方，把原料混合起来。

家庭酿酒师尝试了塞森啤酒、黑啤酒和大麦酒，把失传已久的风味带给了狂热爱好者，还有那些寻求更多的人，普通的、一体适用的窖藏啤酒统治了美国的货架和啤酒龙头，他们想要其他的。然而，变化开始在国内外悄悄地发生。进口窖藏啤酒——它们与众不同的绿色瓶子在棕色瓶子的海洋中脱颖而出——和海外酿造的其他特殊啤酒在美国的商店中小心地出现了。

欧洲的专业酿酒经营了数百年而未受到干扰，麦考利夫正是从欧洲学到了如何品尝和酿造好啤酒。作为一名驻扎在苏格兰研究潜艇的美国军舰工程师，他经常去当地的酒馆，尝试所有他能买到的麦芽酒，尤其是烈啤酒和黑啤酒。他对此很感兴趣，想把视野拓宽而不只是喝酒。于是，他的爱好多了一种实践的方法，开始贪婪地阅读每本他能找到的关于酿酒的书。最终，他走进一家博姿（Boots）药房，买了一套现成的家庭酿酒设备。麦考利夫把酿酒套装带回租住的房子，把打包好的原料混入水中，静置等它发酵。做好以后，他把酒分享给同行的水手们，他们为麦考利夫的下一批酒写下笔记。正是聚会和集体智慧的结合吸引了麦考利夫。

离开海军回美国时，麦考利夫向西航行，来到了加利福尼亚州的索诺马（Sonoma）。他在那里开始建造房屋，计划建一家啤酒厂。他参考了很多加州大学戴维斯分校（University of California at Davis）的教材和杂志，因为这所学校是美国排名第一的酿酒学校。根据历史上的配方，麦考利夫酿出了他自己的啤酒：一款淡色麦芽啤酒、一款黑啤酒和一款烈啤酒。

1976年，在女朋友兼生意合伙人苏西·斯特恩（Suzy Stern）的帮助下，麦考利夫只花了几百美元就在索诺马一间租来的仓库里开设了新阿尔比恩酿酒公司。由于无法找到制造商来生产适合小规模公司的酿造桶、发酵桶和其他设备，麦考利夫凭借高中时在焊接车间待过半年的经验，自己制作了酿酒用的不锈钢工具，这些材料来自奶场和生产苏打水的厂家，他是以便宜的价格买到的，不，他只是拿到了这些材料。

麦考利夫还创造了他的酿酒史。禁酒运动之前，旧金山（San Francisco）曾有一家新阿尔比恩酿酒公司，根据一位当地设计师设计的商标，他宣称有权继承他们的遗产。商标上画着弗朗西斯·德瑞克爵士（Sir Francis Drake）的“金风号”船驶过多山的水湾，进入旧金山海湾，淡蓝色背景上写着流畅的字体。

“历史在酿酒产业中很重要，”麦考利夫2010年告诉我，“但是，如果没有历史，你完全可以编造出来。我们酿出了英国风格的淡色啤酒、黑啤酒和烈啤酒。然后，新阿尔比恩酿酒公司 ，明白了吗？名字、商标和历史，嘭！”

一桶啤酒是 31.5 加仑[1]。麦考利夫的酿酒系统每次可以制作一桶半。根据酿酒业的数据，与他同一时期，密尔沃基（Milwaukee）的施利茨（Schlitz）每年可制作出近九百万桶啤酒。相比之下，这个数字非同寻常。当时的主流酿酒厂，除了少数几家，比如旧金山的船锚酿酒公司（Anchor Brewing Company），其他都是大型、庞杂的工厂，能生产出上百万桶啤酒，但它们不太可能出现在人们的旅行计划中。

狂热爱好者们通过口口相传的消息或者当地的新闻报道听说了新英格兰啤酒，他们定期开车去酒厂，尝试这种独特、小批量生产的啤酒。它只是用水（水需要用卡车运来，那里没有水井）、啤酒花、麦芽（麦芽在旧金山的船锚酿酒厂加工，因为供应商不和麦考利夫这样的小生意打交道）以及酵母制作的。麦考利夫拒绝使用稻子，而通常大型酒厂会使用稻子，尤其是在酿造窖藏啤酒时。人们很快就对这种啤酒新贵兴趣大增。拜访者们纷纷来到麦考利夫门前，或去旧金山的酒吧下订单。没过多久，全国性的媒体注意到了这个现象，《华盛顿邮报》和《纽约时报》的记者来到加利福尼亚，专门写文章赞扬这家新的酿酒企业。

这些文章启发了其他地方的人们奋起反抗大型的啤酒厂，这也标志着地方酿酒在美国的回归。其中有三个人，从早期开始就促进了美国酿酒进程的变化。

---

[1] 英制 1 加仑≈4.546 升，美制 1 加仑≈3.785 升。——编者注

第一个人是迈克尔·路易斯博士（Dr. Michael Lewis），加州大学戴维斯分校的一位教授，麦考利夫建啤酒厂时，他帮助做研究。啤酒厂一开业，路易斯就开车去看麦考利夫创造出了什么。

1977 年以前，加州大学的酿酒项目主要是培训学生如何大规模酿酒，大部分是男学生。当时美国只有五十家左右的酿酒厂，大部分属于库尔斯（Coors）、米勒，当然，还有安海斯-布希（Anheuser-Busch）等公司。它们生产的啤酒，除了少数外，都是美国窖藏啤酒的风格：啤酒口味的啤酒。加州大学戴维斯分校酿酒项目的毕业生更倾向于在实验室工作，穿着白大褂，使用那些适合大规模生产和精密科学的尖端设备，他们不太可能选择能在艺术上表达自我的工作。路易斯看到了麦考利夫创造的成果，看到了疯狂的消费者们对麦考利夫生产的啤酒的反应，于是他努力去改变学校的课程设置，让那些希望在小型酿酒厂工作的学生能够适应，或能够开设他们自己的酒厂。如今全国已有数十家酿酒学校，学院和大学里开设了无数酿酒项目。这些项目的毕业生持续为啤酒产业的极速增长提供燃料。事实上，相较于大酒厂，加州大学戴维斯分校酿酒项目的毕业生现在更愿意去小型酿酒厂工作。路易斯告诉我，麦考利夫“显然改变了我对这个产业的看法。我看到了产业发展的新方向和我的项目发展的新方向。杰克就是新方向的开端”。

来找麦考利夫的第二个重要人物是唐·巴克利（Don Barkley），这个年轻人从高中时期就在家酿酒，当时正在考虑以酿酒师为职业。一天早上，巴克利来到新英格兰酒厂的办公室，表明自己希望能在这里免费工作一个夏天。麦考利夫让巴克利走开。我礼貌地认为，这种场合（及其他场合）下的麦考利夫很粗鲁。

巴克利完全不受挫折的干扰，他坚持留下，后来又去找斯特恩。到这时，麦考利夫和斯特恩这对搭档每周工作八十四个小时，极少休息。斯特恩否定了杰克的想法，她说免费劳动力很好。巴克利每周得到一箱啤酒作为报酬，加上工作中想喝时就喝几瓶。他在工厂搭了个帐篷，在狭小的空间里长时间工作。名义上他是酿酒助理，但实际上给他安排什么他都做，洗酒桶、酒瓶，包括扫地，并且他干得很愉快，对这段经历很知足。

巴克利真正是美国的酿酒助理中的守护神。酿酒助理的工作是帮助酿酒师傅或酿酒专家，他们的职责通常包括在酿酒甲板上做单调乏味的苦差事，但也要考虑到实践经验、创造配方的机会和把在学校学到的东西应用于实践中的机会。你很难发现美国有哪家啤酒厂一个酿酒助理都没有，这要感谢巴克利。很多年轻人从他身上得到启发，打算自力更生，在这个行业里成就一番事业，并使之成为现实。巴克利后来的职业生涯大半都在纳帕谷（Napa Valley）的门多西诺酿酒厂（Mendocino Brewing）度过。现在他仍然参与了多个酿酒工程，还作为导师训练和指导下一代酿酒师。

美国现在拥有近七千家啤酒厂。在和酿酒师的多次交谈过程中，我经常问他们，第一次带给他们灵感的啤酒，第一次让他们接触到风味的啤酒、让他们希望尝到不是仅有啤酒风味的啤酒都是什么？一个又一个答案都指向内华达山脉酿酒公司的淡色麦芽啤酒。这种啤酒把焦糖麦芽、两穗大麦麦芽、珀尔（Perle）啤酒花、玛格南（Magnum）啤酒花和卡斯卡特（Cascade）啤酒花混合在一起，口感柔和，是经典的美国啤酒，最初（现在也是）放在传统的 12 盎司 [1] 酒瓶中，瓶身上独特的绿色标签上宣扬着“最纯净的成分，最出色的品质”。内华达山脉酿酒公司由肯·格罗斯曼（Ken Grossman）创建于 1980 年，他是那个年代从新英格兰酒厂走出的第三个重要人物。格罗斯曼的啤酒给无数酿酒师带来了灵感，他自己的灵感则有一部分来自麦考利夫。

格罗斯曼十几岁时从一位邻居家里发现了家庭酿酒，他对工程和机械也非常着迷。他从加利福尼亚州北部的小镇奇科（Chico），来到了位于索诺马的新英格兰酒厂。他观察着麦考利夫建造的重力给料的三层酿酒厂，想起来他见过极为相似的设备，可以自己建一家酿酒厂。

后来，格罗斯曼说他不太记得这趟行程的其他事情（麦考利夫说他根本不记得肯这个人），只记得啤酒中清晰可辨的啤酒花。不管怎么说，格罗斯曼后来筹集了五万美元，建起了自己的酿酒厂，开始在奇科卖啤酒。内华达山脉酿酒公司注重保证质量管理和风格创新（标签上的目标宣言），渐渐发展起来。

[1] 这里是说美制液体盎司，1 盎司 =0.02957 升。——编者注

现在它是美国第三大精酿啤酒厂，排在它前面的是云岭氏族集团（D. G. Yuengling and Son）和波士顿啤酒公司（Boston Beer Company，塞缪尔·亚当斯啤酒的生产商）。2017 年，内华达山脉酿酒公司的原厂和它 2015 年在北卡罗来纳州的米尔斯河（Mills River）边建的厂，一共生产了 140 万桶啤酒。

比较起来，新英格兰酒厂 1980 年达到了产量上的最高点，生产了 450 桶。麦考利夫的酒厂始终没能壮大起来，经济上无法生存。仅仅五年后，他的酒厂就关闭了。他的设备和唐·巴克利一起北上前往门多西诺酿酒公司。剩余的东西都消散在风中了。现在，圣罗莎（Santa Rosa）的俄罗斯河酿酒公司（Russian River Brewing Company）有一家酒吧，为了表示敬意，酒吧荣誉角的吧台上方悬挂着新英格兰酒厂最初的酿酒标志。麦考利夫几年前去过那里，还签了名。

麦考利夫离开了酿酒行业，在没有他的帮助下，他所开创的酿酒业迅速蓬勃发展起来，而他却几乎被这个行业遗忘。他做了几份工程方面的工作，偶尔做点私酿酒，但是他避开啤酒行业和关注他的聚光灯。然而，肯·格罗斯曼却一直被人记得。格罗斯曼的酒厂三十周年庆时，他联系了麦考利夫，请他酿造一款特殊的啤酒。那时麦考利夫住在得克萨斯州的奥斯汀（Austin, Texas），格罗斯曼甚至亲自飞到得州去请他。就像麦考利夫第一次见巴克利一样，他同样让这位年轻的酿酒师走开。但格罗斯曼没有动摇决心，最终说服了这位酿酒先锋回到酿酒厂。

2010年5月，新英格兰酒厂关闭之后，麦考利夫头一次回归专业酿酒。酿酒那天早上，他穿着牛仔裤和蓝色短袖牛津衬衫来了。内华达山脉酿酒公司雇了一个拍摄团队来记录此事，麦考利夫在拍摄中分享了他的经历。拍摄中，他一边喝着科勒海斯（Kellerweis）——一种美国风格的酵母小麦啤酒，一边频频点头表示称赞。

这次酿酒实际很大程度上是一次仪式性的活动。上午采访结束后，麦考利夫和格罗斯曼走进酒厂，每人提起一只绿色塑料桶，桶里装满了金色酿酒师啤酒花（Brewers Gold hops），他们把堆成锥形的啤酒花倒入铜制的大酿造锅里。接下来，内华达山脉酿酒公司能干的工人们完成了其余的工作。两位大师品尝了麦芽汁的样本，麦考利夫说"非常好"，说完就去酒馆吃午饭了。

2010年的这一天对麦考利夫来说是一个转折点。自从酒厂关门后，他选择远离人群和聚光灯，他不避讳说出自己的沮丧，因为其他人成功了，而他没有。2009年，他出了一次严重车祸，左臂重伤，有一段时间生活过得很艰难。内华达山脉那次的酿酒活动几周之后，我很惊讶地接到了吉姆·科赫（Jim Koch）的电话，他是波士顿啤酒公司的创办人，生产了塞缪尔·亚当斯啤酒。

波士顿啤酒公司是美国第二大酿酒公司，科赫花了很多年把这家公司和它的子公司［愤怒果园苹果酒（Angry Orchard

Cider)、推斯特茶[1]（Twisted Tea）和其他饮料及更小的啤酒品牌］发展成了强大的集团。尽管其他酿酒厂偶尔（却正确地）认为波士顿啤酒公司采用了不光明正大的手段，比如在全美啤酒节（Great American Beer Festival）初期的消费者喜好民意调查中作弊，科赫依然尊重酿酒业的兄弟情义，常常挺身而出帮助别人。例如，在十年前啤酒花短缺的时候，他把自己的库存分给小型酿酒厂；他还通过"酿造美国梦"（Brewing the American Dream）等项目，帮助小型酿酒厂和企业获得小额商业贷款。波士顿啤酒公司还举办了一年一度的"长饮家酿啤酒竞赛"（Longshot Homebrewing Competition），获胜者可以看到他们的小批量啤酒进行商业化酿造。已经有几位赢家由此成为专业人士。

科赫在电话中告诉我，1993 年，新英格兰酒厂的注册商标快过期时，为了保护第一款精酿啤酒的完整性、保留酒厂的名字，他买下了商标的所有权。他和麦考利夫联系，提出复兴新一代的新英格兰啤酒。经过几个月的协商和交流，2012 年 7 月 3 日，麦考利夫来到波士顿啤酒公司，制作了新英格兰麦芽酒三十年来的第一批大麦芽浆。

他们酿造了一种淡色麦芽啤酒，这是麦考利夫所能回忆起的最纯正的麦芽啤酒。比如，他们换掉了用于代替七十年代使用的各种麦芽的麦芽变种。这款麦芽酒他们酿了六千多桶，以

[1] 此处品牌名为音译。——编者注

原来品牌的商标艺术发售。一旦这批酒卖完了，就没有了。科赫把这次销售的利润全部给了麦考利夫，使他能体面地退休。他创造了啤酒，这是他应得的。新英格兰啤酒的注册商标也交回麦考利夫家族。目前，麦考利夫的女儿正在通过俄亥俄州（Ohio）的平台啤酒公司（Platform Beer Company）签订新英格兰麦芽酒的合同。

萨姆·卡拉吉奥尼（Sam Calagione），特拉华州（Delaware）角鲨头精酿麦芽啤酒公司（Dogfish Head Craft-Brewed Ales）的创办人，几年前说精酿啤酒行业“99% 没有浑蛋”。这个数字大概从七十年代的全盛时期起就是这样，啤酒的销量和畅销程度大幅增长，但态度保持不变。尽管有成千上万家啤酒厂在争夺货架上的空间、酒吧里的龙头、消费者的钱包和影响力，竞争愈加激烈，但是，在酿酒行业仍有一些长久保持的传统：创造的欲望，成为一个社区的一部分，见证行业的成长。塞缪尔·亚当斯，尤其是吉姆·科赫，当今有些小型酿酒厂和一些酒徒变得更企业化，而不追求精酿工艺，他因此而感到悲伤。不过，他们和麦考利夫合作的故事提醒着人们，这个行业的背后是有人性的。

酿酒厂的成功很大程度上是因为人们喜欢这样。消费者喜欢把产品和某个人联系起来，比如一个他们能在产品之外与其产生共鸣的人。国内较大的精酿啤酒厂依赖于科赫、格罗斯曼、或新比利时酿酒厂（New Belgium Brewing）的金·乔丹（Kim Jordan）等人的名声。一路看去都是如此，包括你的家乡新建的当地啤酒厂。如果你走进去，见到老板，和他们握手，觉得这些得益于你的消费的人还不错，对这种联结有了好感，那么，你就会更关心他们的产品。这是双向的。成功的酿酒厂是由那些真正关心他们的生意和啤酒的人支持的，他们每天在交流互动中流露出关心。

自新英格兰酒厂向公众开放的那天起，国内酿酒厂的数目就一直稳步上升。但根据酿酒协会（Brewers Association）的统计，直到 2016 年，美国酿酒厂的数量才终于正式超过了禁酒运动之前。这次复兴初期，大多数酿酒厂只生产容量相对较小的啤酒，出售的地域范围有限。那时已是大规模的竞争者，现在的规模更大，尤其是百威英博啤酒集团。这家公司总部在比利时，通过收购兼并，已发展成为世界上最大的酿酒公司。

二十世纪七十年代末和八十年代初，大型酿酒公司并没有把新兴的酒厂放在心上。生意很好，他们为什么费心呢？那时美国主流的啤酒爱好者们都喜欢（其实现在也一样喜欢）买清爽的、大规模生产的窖藏啤酒，因此，小型酿酒厂不会让名马驾驶的马车感到不安。

但变化已经发生了。二十世纪九十年代末和二十一世纪初，这些“小暴发户”开始成长。他们发展壮大时，也摸了老虎屁股，或者更准确地说，他们打响了战争的第一枪。波士顿啤酒公司的科赫有句名言，他说每年大型酿酒厂洒出来的啤酒比他们生产的还要多。在有针对性的广告里，他常常质疑大酒厂的方法和承诺，点燃了这些地位稳固的竞争对手的怒火。

在全国范围内，越来越多的竞争者试图利用小型酿酒产业的机会。和任何新兴的行业一样，有些人入行的原因是错误的，或者没有经过维持行业水准的良好训练。更糟的是，噱头品牌开始出现了：这些酿酒厂通过愚蠢可笑的名称或让人瞠目结舌的商标来引人注意，在货架上脱颖而出，说服消费者花高价买下六瓶啤酒。它们通常的推广策略是使用某种动物和它们的体液，（老鼠眼泪，有人见过吗？）或者厚脸皮地使用胸部丰满的女性形象。很不幸，这些博人眼球的商标通常是这类啤酒最好的部分。它们的创造者精力主要放在市场营销上，对啤酒本身则无暇顾及。风格上也是如此，风格是最容易隐藏缺陷、丧失风味的，比如烈啤酒，如果缺陷太明显，啤酒很快就会被倒进下水道，然而缺陷经常是明显的[这类啤酒中有一个著名的例外，蒙大拿州（Montana）的大天空酿酒公司（Big Sky Brewing Company）生产的麋鹿口水棕色麦芽啤酒（Moose Drool Brown Ale），直到今天还生意兴旺。这家公司其实很好]。

为了让消费者有机会尝到市场上各种不同的啤酒，试喝套餐出现了。你可以走进一家啤酒馆，通常设计得像英国的酒馆，点一托盘酒馆自制的啤酒试喝样品，它们呈现出不同的颜色、透明度和风味。套餐里会有金色麦芽啤酒、琥珀麦芽啤酒、棕色麦芽啤酒、淡色麦芽啤酒和烈啤酒，也许还会有一款酵母小麦啤酒或大麦啤酒。现在，尽管有些酿酒厂每次只提供一两种样品，而不是全部种类的样品，试喝套餐仍然很常见。早些年，试喝套餐是一种创新——这种方式可以轻松有趣地消磨掉一个小时，还能探索酿酒厂里有哪些啤酒。但问题是，有些啤酒厂的试喝样品喝起来几乎一样。当然，烈啤酒（但愿）带着些巧克力或咖啡风味。淡色麦芽啤酒可能具有辨别度的啤酒花特色。酵母小麦啤酒可能浑浊不清。但是，所有啤酒味道背后的基底都千篇一律。

原因很简单：有些酒馆只用一两种自制酵母来发酵，然后将其添加到他们所有的啤酒里。这就意味着消费者喝酒时只能靠眼睛区别颜色，却无法体会使用恰当的酵母品种所带来的风味的细微差别和精妙之处。可以想象，好比一家面包房只做白糖饼干——烘焙不同的饼干时就加上不同的颜色和糖霜。

还有，出售的啤酒和以往不同，它们反对已经在美国沿袭了几代人的固定传统。没过多久，大型酿酒厂就注意到了这一点，开始打击他们规模很小的竞争对手。你为什么想喝“那种东西”？他们向庞大而忠诚的消费者发问。他们说，你们了解我们，相信我们，你们的祖父辈就喝这个牌子的啤酒。你们为什么要关心那些新兴的啤酒？为什么在乎它们怪异的风味、深暗的颜色——颜色那么深，口味肯定很重，在乎这些你们从来没听说过的名字？1996年，《NBC通讯》（*Dateline NBC*）刊登了一篇引起广泛关注的文章，它责备小厂家的啤酒，直接将波士顿啤酒公司置于靶心。它对啤酒的质量提出质疑，重点强调波士顿啤酒没有自己的酿酒厂这一事实（它与大型酿酒厂签了制作啤酒的订单，包括一家米勒酒厂）。这篇文章主要怀疑小批量的啤酒能否与庞大厂家生产的啤酒相比。现在重读这个片段很痛苦，不仅是因为它提出的一些问题是合理的，还因为这家“公正的”新闻媒体显露出的惊人偏见（时至今日，啤酒在大型媒体的报道中仍然没有得到与其他饮料相同的尊重，尤其是在一些轻松新闻版块的餐饮栏目里）。

有了广播以后，百威英博啤酒集团买了电台广告，专门质疑塞缪尔·亚当斯啤酒的资质和小厂啤酒的质量。这时，那些原本可能从传统啤酒转向新兴啤酒的消费者们感到了为难，又选择了他们习惯的、可预知的啤酒。如果在那个年代你喝小厂啤酒，会被社会定义为你是边缘人士，并且是不好的边缘。在外面点一杯小批量生产的啤酒，哪怕是波士顿窖藏啤酒，也会引起旁人的窃笑。蓬勃发展的啤酒复兴遭到了重创。

一次森林大火可以摧毁一个地区，但也能使林地或草原重生。土壤得到了补充，树木播下种子，陷入绝境的土地重新恢复了苍翠繁茂。小厂啤酒产业当时遭遇的这些事情，很像一次清洗和重生。很多不幸或经营不善的酿酒厂倒闭了。幸存下来的厂家更有活力，目标更明确，这批制作小批量啤酒的人决定保证质量。他们传递出的信息显示目标有所改变，改造和调整了高品质的配方。

这一时机也诞生了一个现在最常用来描述小批量酿酒的词："精酿"。"精酿"一词的诞生很有必要，尤其是在"小厂啤酒"的灾难发生之后，它们急需一个新的名称。然而我坚信，这两个字给啤酒带来的只有混乱。

作家文斯·科顿（Vince Cottone）尽管可能不是第一个把

"精酿"和"啤酒"放在一起的人，但人们认为至少在美国他是第一个用"精酿啤酒"给这个行业命名的人。在他 1986 年的《好啤酒指南：太平洋西北地区的酿酒厂和酒馆》(*Good Beer Guide: Brewers and Pubs of the Pacific Northwest*) 这本书中，科顿使用了精酿啤酒的说法，但没有给它一个固定的定义，不过这个行业范围很小，读者们能够理解他的意思。

那个时期有所不同。定义精酿啤酒就跟把果冻甩到墙上那样容易，很多人试图定义什么是精酿啤酒。带着激情制作、使用了纯净和朴实的原料、保持传统精神，这样的啤酒是精酿啤酒吗？小批量生产的啤酒就是精酿啤酒吗？如果是这样，它相对于多少数量来说算"小"？精酿啤酒是否你看到它就会知道是它？以上这几个问题，答案都是：是的，可能。

那么，现在什么是"精酿啤酒"？它到底是什么意思？常常有人问这个问题，却一直没有一个能够满足所有人的答案。"精酿"这个词的本质在于突出区别，即一些酿酒厂和消费者在"我们和他们"的对抗中看到的区别。"我们"规模小，是地区性的，亲手制作啤酒，人们可以在酿酒厂里见到酿酒师，近距离观看酿酒的过程。"他们"是像百威英博、喜力、米勒（Miller Coors）这类的大酿酒公司，消费者的体验更像是主题公园人造的活动事件，而不是个人化的体验。

酿酒商协会（Brewers Association）是一个代表了美国所有小酿酒厂的贸易集团，它想让自己的成员都是"精酿啤酒"，但又希望能很小心地避免去真正地定义"精酿啤酒"。目前酿酒商协会把成员分为“小型”“传统”“独立”三类。小型啤酒厂每年产量不到六百万桶（为了顾及波士顿啤酒公司这样的成员，这个数字从两百万桶增加到了六百万）。“传统”意味着大部分啤酒使用了“传统或创新”的制作原料。“独立”则表示酿酒厂 75% 以上由精酿啤酒厂控制。

这些年来，上面三类划分都改动过，原因有时是需要引入新成员，又要把现有的成员留住，要更清晰明确地区分协会成员和那些被大多数小型酿酒厂视为最大威胁的酒厂：财大气粗的大型酿酒公司采取残忍的手段踩踏小酒厂。

“精酿”已经成为一个啤酒范畴，散发出强烈的激情，拉拢盲目的结盟。在这个群体里如果加入其他国家的分类方式，它们不同的定义体系会让精酿的概念更加混乱不清。不过，一次又一次地，最终还是归结为“我们和他们”的争论。在这些长期不休的争论中，人们经常听到一个说法，“喝精酿，不喝垃圾”。这意味着，酿酒厂如果规模很大，或者它的公司所有制很稳固，某种意义上表明他们的啤酒平淡无奇。

现在大公司生产的啤酒确实流于平平。不过，想到啤酒风味的啤酒是对的。但哪怕事实确实如此，哪怕稻子酿制的美国淡色窖藏啤酒不是你的第一选择，甚至不是第十选择，但我还是觉得，嘲笑大公司其实不公平。大公司的技术能够每年在不同地点生产出千万桶相同的啤酒，而且没有任何障碍，我们不应该贬低它。这种啤酒完美地达到了他们的目的：酿出简单、干净、不惹人讨厌的窖藏啤酒。这种完美，比小规模的“精酿”

酒厂能够定期完成的结果，要好得多。

最近我参加了一次佛罗里达州（Florida）的小酿酒厂聚会，台上的发言人提醒大家，哪怕只卖给一个消费者一品脱坏啤酒，造成的损害也远大于大酒厂在市场营销上投入的所有资金造成的后果。我完全同意，但是很多酿酒商并不赞同。在我看来，他们似乎无法理解形势的严峻，或者说，起码他们不愿意承认自己是造成现状的部分原因。支持他们的精酿酒师和虔诚热情的消费者，已经在一个相当结实的泡沫里生活了很长时间。他们相信自己的酿酒事业——不管啤酒质量如何——是啤酒产业有史以来最重要的事。

现在大多数美国人都能够有自己的当地酿酒厂，我认可这是很了不起的。想想四十年前，目前的状态令人震惊。但是如果有些公司生产的啤酒缺点太多，或仅仅为了无聊而奋斗，这会给任何人带来任何好处吗？消费者花了钱，应该得到比平庸的啤酒更好的东西。还有，如果酿酒商生产了质量较差的啤酒，却没有增强竞争力，他们最终会因为没生意而被迫关门。

然而，“还可以啊。”我不止一次听到有人说。他们是“精酿”。我们需要“支持啤酒精酿”。

我不赞同。我们需要支持的是好酒，并且只支持好的。

此外，“精酿”这个词也变得没有效果，实际上，它从来没有像“我们和他们”这么黑白分明过。近年来，情况愈加复杂。百威英博啤酒集团等公司开始买下小型酿酒厂，而标签上有时没有明确写出公司所有权。在酿酒商协会的一次公关活动中，这件事被曝光了。那次公关活动旨在澄清“精酿和精工”的名称，攻击那些他们认为从协会成员那里绑架了“精酿”“手艺人”等词的品牌。这一谴责的目的在于攻击蓝月（Blue Moon）和冲撞力（Shock Top）这些啤酒，前者属于米勒啤酒公司，后者属于百威英博啤酒集团。公关活动还把俄勒冈（Oregon）的威德默兄弟（Widmer）这样的酿酒厂也划入攻击对象。威德默兄弟是精酿啤酒联盟会（Craft Brew Alliance）的成员，联盟会还包括科纳（Kona）和红钩子（Redhook）等品牌，还有几个其他的小型酿酒厂。十年前，精酿啤酒联盟会为了打入新市场，和“大啤酒”生产商签订过经销合同。因为小公司放弃了部分所有权，联盟会就想正式把它们从“精酿”俱乐部中赶走。

但是啤酒变了吗？公司的思想变了吗？我没有看到变化，其他很多人也没有。事实上，波特兰（Portland）拥有近百家酿酒厂，大多数都是小厂。那里几乎人人都会说起威德默，它是波特兰最大的酿酒厂，是一个很好的企业邻居，仍然在生产高品质的啤酒。现在它还扩大了定期帮助当地的小酒厂的范围，为它们提供实验室和其他帮助。

可他们却是“精工”，那次公关活动如是说。该当心了。

酿酒商协会的“精酿和精工”活动，背后的思想是好的，因为它鼓励消费者全面了解酒厂的所有权，但是它的实施方式是错误的，最终透露出了一些陈旧的观点。一些经久不衰的美国酿酒厂，如宾夕法尼亚州波茨维尔的云岭氏族集团、明尼苏达州新阿尔姆（New Ulm, Minnesota）的奥古斯都·谢尔酿酒厂（August Schell Brewing）等被归为“精工”一类很是荒诞，因为这种分类只考虑了配料。

2012 年，酿酒商协会发起“精酿和精工”活动时，根据上文提到的“精酿三大支柱”来区分啤酒：小型、传统和独立。“传统”型啤酒使云岭和谢尔成了精酿酒徒的靶心。这两家酒厂在禁酒运动之前就已经存在了。它们在黑暗的年代里存活下来，发展得比过去强大，啤酒产量仍然很高。然而，它们的配料里一直都在使用稻子或玉米，这就被啤酒清教徒们认为是非传统的。酿酒厂最初开张时（帕布斯特和安海斯 - 布希啤酒始于类似的时代），对那些配料的蔑视并不存在。稻子和玉米这些附加配料是当时能够大量获得的可发酵原料。并非酿酒商不愿意使用大麦，而是因为当时的大麦产量不够酿酒用，所以他们需要其他配料作为补充。确实，稻子和玉米是成本划算的原料，但它们也是这些公司原始配方的一部分。

杰斯·马蒂（Jace Marti）是谢尔的第六代酿酒师，他给酿酒商协会和它们的消费者写了一封慷慨激昂的公开信，质疑协会对“精酿啤酒”的定义。信中的一部分内容是：

“你们说美国的三家最古老的家族酿酒厂是‘不传统的’，这完全不尊重它们，坦率地说，这种说法非常粗鲁、无礼。如果你们想让我们留在羞耻名单上，你们就这么说吧，这是你们的决定。我们将继续倾注心血到这家小型、独立、传统的酒厂酿出的每一滴啤酒里，正如其他所有精酿酒厂那样，正如我们一个半世纪以来的做法一样。你们真可耻。”

他是正确的。正是这种觉醒，让很多人意识到，来自山顶的声音并不总是正确或绝对的。这对很多酿酒师和酒徒来说是一个转折点。酿酒商协会撤回了对公关活动的支持，修改了分类定义，把云岭和谢尔等酿酒厂纳入精酿的范围。这不单单是一个机灵的公关策略，协会把这些继承传统的大型酒厂产出的啤酒纳入"精酿"啤酒的年度产量，从而增加了整体的市场份额。

酿酒商协会历史上的这一时刻，开启了"精酿"一词的终结，因为无法定义何为精酿。同一时期，大型酿酒厂开始收购经营中的精酿品牌。2011 年，百威英博收购了芝加哥的鹅岛啤酒公司（Goose Island Beer Company），这家地区性公司声誉良好，生产的系列啤酒口碑很好。爱好者们谴责，将他们挚爱的精酿酒厂归入联合企业是一种损失，有些商铺老板甚至把存货倒入下水道以示抗议。然而，尽管酒厂的所有权改变了，却难以就此认为啤酒的质量也随之下降［一个值得注意的例外是，2015 年，鹅岛波旁县烈啤酒（Goose Island Bourbon County Brand Stout）问世，其中一部分酒由于无意中被乳酸杆菌污染而召回］。一些长期爱好者确实会说，酒和以前味道不同，事实是有些啤酒的配方进行了改动。很多酿酒厂的大部分啤酒都会自然地发生演变，但对于一些别有用心的狂热酒徒来说，这不过是找了一个讨厌鹅岛啤酒的理由。然而，无数酒徒在促销时才接触到了这个品牌的啤酒，他们对这个话题不太可能和狂热分子有同样的激情。

自收购了鹅岛啤酒，百威英博又收购了其他几家精酿酒厂，一并作为它的高端系列。这些酒厂有纽约的蓝点酿酒公司（Blue Point Brewing Company）、科罗拉多的布雷肯里奇酿酒厂（Breckenridge Brewery）和加利福尼亚的金路酿酒厂（Golden Road Brewing）。米勒也是其中一员，收购了俄勒冈的啤酒花谷酿酒厂（Hop Valley）、加利福尼亚的圣阿切尔酿酒厂（Saint Archer）等几家酿酒厂。喜力收购了加利福尼亚的拉古尼塔斯酿酒公司（Lagunitas Brewing Company）。日本酿酒商麒麟（Kirin）购买了布鲁克林酿酒厂（Brooklyn Brewery）24.5% 的股份，这也使它同时拥有了加利福尼亚的二十一世纪修正案酿酒厂（21st Amendment Brewery）和科罗拉多的无线电台创作酿酒厂（Funkwerks Brewery）的股份。

那么，纽约的中世纪游行酿酒厂（Brewery Ommegang）、加利福尼亚的燧石步行者酿酒公司（Firestone Walker Brewing Company）、密苏里的林荫大道酿酒公司（Boulevard Brewing Company）这几家现在属于比利时督威摩盖特集团（Duvel-Moortgat）的酿酒厂呢，它们难道因为不再是“美国”的厂牌，就制作次等的啤酒吗？不是的。

别忘了在过去几年里，私有股权和风险投资公司一直在购买酿酒厂。波士顿的火人投资公司（Fireman Capital）主要拥有科罗拉多的奥斯卡布鲁斯酿酒厂（Oskar Blues Brewery）、佛罗里达的雪茄城市酿酒厂（Cigar City Brewing）、密歇根的佩兰酿酒公司（Perrin Brewing Company）、犹他的瓦萨奇酿酒厂（Wasatch Brewery）和开荒者精酿啤酒厂（Squatters Craft

Beers)，以及得克萨斯的深度埃勒姆酿酒厂（Deep Ellum）。尤利西斯投资公司（Ulysses Capital）买下了宾夕法尼亚的胜利酿酒厂（Victory Brewing）和纽约的南方层级酿酒厂（Southern Tier），还在北卡罗来纳州的夏洛特（Charlotte）建了一家新的酿酒厂，并且正在积极地寻找更多的酿酒厂以纳入自己麾下。旧金山的安可消费者投资公司（Encore Consumer Capital），几年前买下了俄勒冈的全速酿酒公司（Full Sail Brewing）的雇员兼公司所有人的全部股份。这类并购不胜枚举。

界限正在变得模糊，因为小批量生产和大规模生产的酒厂都想把对方的消费者偷抢过来。在这种心情下，一些酿酒厂开始采用另一个策略，即雇员所有制。美国第四大精酿啤酒厂——新比利时酿酒公司，现在采用的就是雇员所有制。波士顿的渔叉酿酒厂（Harpoon Brewery）、俄勒冈的德丘特酿酒厂（Deschutes Brewery）、威斯康星的新格拉鲁斯酿酒公司（New Glarus Brewing Company）、加利福尼亚的摩登时代啤酒厂，以及其他很多酒厂，也都是雇员所有制。过去五年内开张的很多酒厂都为公司雇员提供了股权。这种方式不仅能把优秀人才留在公司，还能真正地激励员工努力工作、发展公司。对于消费者而言，这是大规模的、家庭式经营的酿酒厂。知道你花的钱流入了一家本质上是家庭所有的企业，哪怕它的分公司在各州都有，哪怕它每年生产成千上万加仑啤酒，你也会感觉良好。

“精酿”一词成了酿酒商协会的组织战斗口号，发挥了作用，但是实际上这也是市场策略。现在，所谓的“大人物”也加入了这场游戏。他们知道小规模、特定产区的产品是如今的趋势，想利用消费者的这种买当地产品的欲望。这就是我们在蓝月（前文提到过，米勒啤酒拥有的品牌）的广告中看到“艺术地手工酿造”这样的短语的原因。值得注意的是，塞缪尔·亚当斯啤酒的生产商波士顿啤酒公司也在同一时期的广告中使用了“为了对啤酒的爱”，但没有提到“精酿”这个词。这是一项精心谋划的举动的一部分，为了从所有啤酒消费者中拉拢过来更多的人，而不是只吸引青睐“精酿”啤酒的人。

一个词不应该成为分界点。杯中的啤酒以及酒徒们是否认为它好喝，这才是重要的。同样，“小厂啤酒”这个说法还在被人四处滥用，说实话，我认为“精酿”这个词虽然不会很快就消失，但现在应该好好谈谈它的真正含义。它能让啤酒变得更好吗？乍一看，对于销售啤酒来说这只是平常的生意。他们生产了好啤酒，使用了优质原料，还有创新。我们是否要把最终的产品叫作“精酿”，应该和所有权有关系吗？

简短的答案是：应该。

这本书是在苹果笔记本电脑上写的，我用的软件归谷歌所有，编辑软件是微软的。我开福特车，用三星手机打电话，用博士（Bose）耳机听音乐。我穿汤米·希尔费格（Tommy Hilfiger）的西装衬衣（很合身，我喜欢）。我日常生活中的很多东西都来自大型的、没有灵魂的企业。可这并不意味着它们的人没有才华或激情，也不意味着它们没有经历过最初创业的阶段，大企业意味着它们现在是由利益驱动的机器，已经有了一定的市场范围。

然而，其他领域除了大企业还有别的选择。我们可以在街头的面包房买百吉饼，而不是去超市买。想避开亚马逊强大的摧毁力，我们可以在当地的独立书店买书。我的蝴蝶领结来自佛蒙特（Vermont）的一家小公司，他们的每件东西都是手工缝制的。

啤酒是私人化的。它激发每个喝酒人的思想和情绪。现在是啤酒历史上值得注意的时刻，我们能够再次喝到当地产的啤酒，可以去和酿酒师见面，用当地产的原料制作啤酒，还可以和喜好相同的消费者共饮一杯。我和杰夫仍是朋友，就是那位在南奥兰治为我倒了第一杯啤酒的酒保。

所有权很重要，因为我们仍然有所选择。如果你喜欢当地生产的啤酒，或者想尝尝当地生产的啤酒，你也可能会愿意买当地制造的电脑、手机、汽车，但是，这些选择不是小范围的，所以我们能买到什么就买什么。

啤酒仍是可选择的，知道我们的钱花在什么地方很重要。小，并不一定意味着好，但是选择的自由权仍然很重要。

从报道啤酒产业的角度来看，我不需要茶叶[1]就能看到变化的迅速来临。很多新的酒厂开张，已有的酒厂也在发展，很多公司还会并购、销售和关闭。谈论“精酿”和“非精酿”时，有很多深浅不同的灰色，难以将二者区分开来。这甚至还不能

[1] 一种通过观察茶叶来预测未来的占卜方式。——编者注

解释国际啤酒发展的情况，它击碎了我的整个论点。

从前，我经常没有经过严格定义就使用“精酿”这个说法。2013 年我甚至在《美国精酿啤酒食谱》(*American Craft Beer Cookbook*）这本书的标题里用了“精酿”。从那之后，我查阅了很多这个词的相关资料，查找它除了行业协会定义以外的真正含义。我认为，“精酿”使用的时间不长。很快，它就会和兄弟词语“小厂啤酒”那样，表示曾经特殊但不再特殊的啤酒，它们象征着啤酒历史上一段人们仍然没有理解的时期。

既然如此，真的有必要深化“我们和他们”这种心态吗？老实说，还有比这更重要的事需要我们担心。

我在《关于啤酒的一切》杂志做编辑时，我们在报道里废除了“精酿”这个词，这本书里我也将这样做。除了引用别人的话，或者讨论已经规定过的成员群体或市场的某一部分，我不再区分什么是“精酿”啤酒，什么不是。

尽管环绕“精酿”的激情不会真正消失，却有一个新词可以代替它。这个趋势起步慢，但崛起得很快。并购与合并继续进行，布林克斯公司（Brink's）的运钞车挤在风投公司、私募股权投资人和大型酿酒公司的酿酒厂门前。与此同时，小型酿酒厂改用新的描述词“独立”，想借此从一部分酒徒那里重新获得街头荣誉。

如今的啤酒不再是大和小的对立——每种啤酒都是各自为战。对库存单位 [例如，产品标识码；库存单位（Stock-Keeping Units）缩写为 SKUs，发音为“skews”] 和酒吧龙头的争夺使得小型酿酒厂为此作弊。新千禧一代的消费者基础在增长，和以前几代人不同，他们并不只忠于一种酒。他们典型的夜晚从一杯啤酒开始，继而是葡萄酒配晚餐，饭后则享受一杯鸡尾酒。单个消费者就会把几种酒混合起来，这对啤酒生产商来说是条艰难的路。

在这竞争激烈的市场上，被大卫用玩具枪打击了多年的歌利亚正在卷土重来。巨人们已经削弱了“精酿”一词的独一无二性。不可否认，那些企业所有制的品牌，如鹅岛（在这里，人们仍然成群结队来买波旁县烈啤酒）、福地（Elysian）、10 桶（10 Barrel）、英国的卡姆登（Camden Town）等，生产的啤酒质量上乘，大多数喝啤酒的人都喜欢它们的味道。所以，对于小型啤酒厂来说，关键不在啤酒本身，独立性最重要。

大型酿酒公司很难声称“独立性”，因此独立这条路上只有曾经是“精酿”的啤酒厂。但是要记住，“独立”意味着公司制所有权不到 25%，这给外来资金留出了很大空间。上文已经说过，布鲁克林啤酒厂由麒麟拥有的股份刚刚低于 25%，角鲨头把 15% 的股份卖给 LNK 合伙人，没有公开售出价格。这些酿酒厂都说这样的资金不会影响酒厂的精神或视野，他们仍然吹捧自己的独立性。

主流报纸上开了专栏，讨论独立酿酒厂的重要性。宾夕法尼亚州赫尔希（Hershey）的酿酒厂特勒格斯塔（Tröegs），也重塑了品牌商标，把公司（至少是包装的正面）包装为特勒格斯塔独立酿酒厂。2017 年，酿酒商协会给各成员发了官方印章（很奇怪，印章上是一个倒立的酒瓶），用于彰显独立性，把酒徒引向特定的啤酒。

“独立”，一个掷地有声的词。这个国家正是建立在独立的基础上，因此每个听到独立的美国人都能与之产生共鸣，无论独立的主题是啤酒还是其他东西。独立是靠自己的双脚站立、走自己的路的能力。这似乎有希望，但使用这个词是否就能让酿酒商卖出更多的啤酒，或让人们参加他们的活动，现在尚无定论。

我相信“独立”的描述反映的内容应该不只是企业结构，它应该成为一盏指路灯。使用协会印章和“独立”这个词的酿酒厂真的应该停下来想想这些东西对他们意味着什么。它能让啤酒变得更好？能让我们这些消费者更想掏出钱包吗？

“独立”一词对啤酒产业会产生什么影响，现在说还为时过早。不过，无论是消费者还是酿酒商，我们只要用了“独立”这个说法，就不应该只是因为试图定义术语、用于下一场“我们和他们”的战斗，就躲在它的后面。我们要问明白，独立是否能为员工、啤酒、社区和所有支持独立的人带来好处。

批评那些不再是“精酿”或“独立”的“大人物”和“叛徒”是很容易的。每逢新的销售，就会有折磨人们心理的博客文章出现，谈论百威英博集团的邪恶，谈论那些和它达成大笔交易的公司（通过投资部门、风投公司来完成交易），比如北方家庭酿酒公司（Northern Brewer Homebrew Supply）、啤酒点评网（RateBeer.com）、皮科酿酒公司（PicoBrew）的家庭酿酒工具，还有来自世界各地的啤酒花农场。奇怪的是，他们在传统意义上并不是敌人，如果风投公司为了赚钱和获得竞争优势，砍掉一家合作的酿酒厂，倒不会引来多少批评。

成为群体的一部分、拿得出独立印章，这确实重要，靠自己双脚独立也同样重要。如果你对“独立”态度强硬，如果你是消费者或酿酒商，或者两者兼而有之，并且想要发表你的批评意见，尤其是有根据的意见，那么你需要直言不讳，即使这意味着要把美国这边的其他人喊出来。啤酒行业仍然基本上没有浑蛋，但和所有行业一样，问题仍然存在。

酿酒商在网上释放出越来越多的沮丧情绪。尤其是在社交媒体上，经常有人匿名揭发某种啤酒的形象、糟糕的味道、卑鄙的手段，或其他问题。朝大啤酒厂扔石头很容易，但应该用评论者的真实姓名征集尖锐而不失礼貌的批评，对小啤酒厂的批评也应如此。如果一个啤酒商想抱怨某一个酒厂，就应该抱怨所有产品达不到标准的酒厂。它们不应该因为和你属于同一群体就可以逃脱。

当我们手中端着一杯啤酒的时候，它是美好事情到来的预兆，或者是一种逃避。它是品尝新的风味，或分辨出熟悉喜爱的啤酒中的细微差别的乐趣。但啤酒也是一笔生意，而且规模很大。它每年在创新、市场营销和销售上都要花费数百万美元。啤酒是很多人的营生，甚至是更多人的激情，但也是一些人的灾难。

了解啤酒行业的起源，尤其是它在美国的起源，会让我们感激今天拥有的一切，理解未来的各种可能性。如果我们因为定义和斗争而停滞不前，最终我们不仅会偏离美好的结果，还会失去一些乐趣。

就我自己而言，我喜欢当地的、小规模的、处于劣势的啤酒。我的钱支持了当地企业、家庭式公司，并最终为创新和好的风味提供动力，我喜欢这样。从专业角度来看，在这场啤酒的战争中，我是一个谨慎的反对者。我可以喝任何一种啤酒，可以和任何啤酒商聊天，我能报道所有啤酒厂的新闻，无论酒厂大小，或是哪种所有制。

在酒吧里，喝下几品脱以后，当然还有在网络上，我见过人们仅仅因为一个词就情绪激动。为了一个写在沙子上的定义而担忧，这会让人们失去整个饮酒体验。我对分类并不在意，我把它们都叫作“啤酒”。

第二章　四大原料

啤酒无处不在，是成年人的最大乐趣，人们很容易就会忘了它是怎么制造出来的。酿造啤酒需要的不仅是四大原料——水、麦芽、啤酒花和酵母，还有可延伸追溯至人类起源的历史。在世界上大多数地区，啤酒是把我们联系在一起的一部分组织结构。

这样的组织结构有很多。全球每年生产出的成千上百万桶啤酒，一百多种风格，使用了各种各样的原料，每天都有新的风味和创新。

因为啤酒很久以前就诞生了，我们轻易就认为它的存在理所当然。我们知道祖先们喝啤酒，知道啤酒有不同的风格，如果喝过很多不同的啤酒，我们会有自己更喜欢的风格。我们知道把钱放在吧台上是在刺激经济发展。这些是连喝啤酒最随意的人都能接受的事实。我们杯子里的啤酒本身就很有趣，而且很美味，当我们喝酒的时候，我们经常想到的就是：各部分的总和。然而，当我们退后一步，开始思考是什么导致我们拥有了这些化学物质时，啤酒就变得更有趣了。知识是伟大的冒险，啤酒则像是出色的夏尔巴人。当然，一切从原料开始。

前面提到过，啤酒由四种主要原料组成：水、麦芽、啤酒花和酵母。几个世纪以来，酿酒师都在以这种方式追求制造出纯净、清澈的啤酒，通常在突出这些平凡原料的细微差别和浓度方面毫不妥协。这四种原料如何混合、互补、发酵很关键。最终的成品可能是极好的啤酒，也可能连浇花都不适合。

久而久之，尤其在近二十年，酿酒师和工厂开始试验在四种主要原料中加入特殊的配料。酿出的酒从非凡绝妙到奇异怪诞，什么都有。基本上人们能消化的东西，都可以用来酿酒。这些新奇的配料包括咖啡、茶、巧克力、水果（传统口味用热带水果，其他的用异国水果）、草药、香料、大麻、木头、石子、蘑菇、肉、牡蛎及其他贝类、蔬菜（比如辣椒和黄瓜）、盐、牛奶和糖。我遇到过一款动物粪便烟熏啤酒、一款用落基山牡蛎酿的啤酒，以及一款用真正的钞票酿的啤酒，但现在很多其他的新奇啤酒都石沉大海了。我还见过有一种啤酒的瓶子里塞着一只啮齿类动物的标本。

以上几种啤酒肯定是为了博人眼球。有些不寻常的啤酒是很好的，但通常它们都是为了让人惊讶，而非让人满意。我马上想到一款用烤牛心和迷迭香酿的啤酒，是塞缪尔·亚当斯和大厨大卫·布克（David Burke）几年前一起制作的。打开一个12 盎司的瓶子（保质期很短），血液的金属腥味被释放出来。很多人尝了一小口就把它扔掉了。有些添加的配料会让人不满，让人无法分辨出味道，比如，角鲨头精酿麦芽酒厂就生产过一款淡色麦芽酒，加入了月亮尘埃（是的，月亮尘埃。下文还会提到更多）。

这类啤酒的成品各不相同，但它们都强调啤酒这种饮料经常可以随意调配、改进，或者它只是某个人的一次性尝试，再也不会重复。但我要超越我自己的想法。在我们能够真正地领略啤酒的现状之前，包括理解它能不受约束地添加任何有可能的配料，我们应该花点时间思考四大原料，它们是所有啤酒的根基：思考它们在每种配方里的地位，在广义上的啤酒体验中的真实地位。

我担任过世界各地啤酒比赛的裁判，在酒吧里和朋友们讨论过很多关于啤酒的事，为了写作和愉悦我也常常在家里品尝啤酒。让我抓狂的是“平衡”这个说法。它在博客文章、播客和谈话中出现的次数多于它本应该出现的次数。它是描述啤酒的偷懒办法（同样地，用“骨干”描述麦芽，不想讨论细节时就用“可靠”，也是偷懒的做法），甚至我也因为用过这个词而惭愧。人们说“平衡”时通常在表达麦芽的甜味没有被啤酒花的苦味压倒，因此这两种原料调配得很好，传递出了人们想要的风味。我完全赞成啤酒的这一点。我喜欢品尝每种原料，这是体验中必不可少的部分。但“平衡”这个说法愚蠢地抹掉了另外两大原料：水和酵母。

很长时间以来，国内声誉最高、最受欢迎的啤酒是陶醉的礼帽（Heady Topper），它是由佛蒙特州斯托（Stowe）的炼金士酿酒厂（Alchemist Brewery）生产的一款印度淡色麦芽啤酒。这是一款超前于时代的啤酒，它是最早的一批朦胧的新英格兰印度淡色麦芽啤酒，带有一种浑浊的啤酒花香气。我认为，这款啤酒受人尊崇的原因之一是它巧妙地将四种原料完全融合。我曾在《关于啤酒的一切》中的一篇评论里写道，这几种原料在“针尖上”结合起来。

我们越是关注麦芽，尤其啤酒花，却忽略其他两种原料，我们就越可能不知道最初是什么使啤酒变得特殊。在我看来，这种低估水和酵母重要性的倾向，归结于一个事实：对于我们这些没有微生物学或农业学专业背景的饮酒者来说，啤酒花和麦芽更容易理解。它们不仅确凿存在，我们还能尝到和闻到它们各自的味道。

我相信，以更实际的方式看待所有的原料能使我们理解每种原料自身，理解它们如何互相作用，而不是用分析的方式去看待。做到了这一点之后，我们便能够真正欣赏啤酒本身，和啤酒产生更深厚的关系。

水

水，当然是啤酒的主要原料。它的重要性不可低估，没有干净新鲜的水，就没有啤酒。水质可硬可软，这取决于它的来源。水可能带有矿物质的味道，甚至有一丝咸味。不同的水质对不同的啤酒风格会产生重要影响，酿酒师可以通过技术把水的酸碱度调控到所需的程度（化学知识点回顾：酸碱度用于衡量物质的酸性或碱性程度，7.0 表示中性。纯水的酸碱度值是 7.0，但大多数水不是纯水，因为水中有多种矿物质和溶解的气体。酸碱度值越低，酸性越高；酸碱度值越高，碱性越高。我们的饮用水大多数酸碱度值在 6 到 8.5 之间）。

毫无疑问，水还是我们这些喝酒的人最常忽略的原料。我们为什么要在意这么容易获得的东西？确实，我们用水这种物质为身体补充水分，也用它洗澡、冲厕所，只要打开水龙头就有水，不是吗？

首先，干净的水并不容易得到。近年来我们已经看到，政府部门有时不能保证供水安全。密歇根州的弗林特（Flint）爆发了水质危机，曝光了这个城市里老化的设备，暴露出了政府在面对公共健康问题时的无能。环境管理被击败。环境保护群体说，湖泊河流经常遭到污染，违规的人却很少被起诉，或者即使被起诉了，也极少受到处罚。

我们都渴望干净的水——我们都知道自己需要干净的水。然而当一切乱成一团糟时，我们本应共有的集体愤怒却从来没有化为实际行动。啤酒行业发生同样情况时，我看到的事实尤其如此。啤酒爱好者们喜欢谈论啤酒花，谈论啤酒花的种植地、特殊的麦芽品种及其起源，甚至谈论酵母是从哪里收获的（或哪家公司提供了酵母品种）。几乎很少听到哪个喝酒的人说起水的问题，更少有人在参观酿酒厂时会问起当地的水源。

在建立任何新的酿酒厂之前，企业家们首先要做的是确保拥有获得水源的渠道。在通电之前、混凝土板浇筑之前，在仓库墙壁建立之前或不锈钢酿酒槽搬进来之前，必须先有水。没有水，我们只能干嚼其他几种原料。

考虑到酿酒厂的选址，只要当地的水质能用于酿造他们想要的啤酒，酿酒师们可能只需打开水龙头就可以开始酿酒。酿酒师比任何人都明白，水不仅仅尝起来像水。水的味道取决于地点。我们能尝得出来，城市的水和乡间水泵抽上来的清澈冷冽的井水味道不同。海滨地区的水含有盐分。由于酿酒厂位置不同，这些水的不同味道会体现在啤酒的整体味道中。

如前文提到的，不同风格的啤酒得益于不同的水。烈啤酒受碱性高的水质影响，硬的水质更适合深色窖藏啤酒，矿物质少的水更受皮尔森储藏啤酒的青睐。以水质而闻名的酿酒小镇也许是英国特伦特河畔的柏顿（Burton upon Trent）。几个世纪以来，这里建了大量的酿酒厂，其中巴斯酒厂（Bass）可能是现在最著名的。柏顿的水中铝和镁的含量很高，碳酸铵盐和钠的含量低，带有独特的硫黄味。这种水用来酿英国淡色麦芽啤酒非常好，使啤酒拥有一种全球独一无二的口味。

现在，如果菲尼克斯（Phoenix）的一家酿酒厂想制作传统的英国麦芽啤酒，他们需要合适的酿酒技术把当地水的酸碱度改变为中性，再加入多种矿物质的混合物，才能重现那个英国中部城镇水源的风味和香气。这是很多大酒厂常用的方法——它们的工厂即使没有遍布全球，也遍布全国，每年生产出的数千万桶啤酒味道都相同。美国标志性的窖藏啤酒——百威，由分散在美国各地的几十家酿酒厂生产。酿酒厂的声誉就在于每批酒都和上一批喝起来味道一样，这就意味着消费者不可能区分出不同产地的酒。同样地，百威啤酒的其他原始配料都来自同一个种植地，质量都相同，通过控制酿酒使用的水和调控水质，新泽西的纽瓦克生产的百威啤酒，喝起来和加利福尼亚的费尔菲尔德（Fairfield）生产的一样。无论你是否喜欢百威，这都是一项值得称赞的技术上的成就。

酿酒师知道，没有了干净的水，他们就失业了。这是他们喜欢佛蒙特炼金士酒厂的约翰·基米希（John Kimmich）的原因之一，还有杰米·胡拉多（Jaime Jurado），她是一位酿酒大师，为阿比塔（Abita）和甘布里努斯（Gambrinus）这样的酿酒厂工作。多年来，我参观的几百家酒厂中，只有这两家酒厂在我们还没有检查酿酒车间时就急欲展示过滤系统和废水处理系统，这在任何参观行程中都是如珠宝般闪耀的行为。

水的使用是双向的。每天的酿酒从水开始，以水结束，中间还用了很多水，但也剩下了不少的水。酿酒师显然希望使用质量良好的水，但很多人也会在把水放走之前进行处理。酿酒厂的卫生设施很关键。它能让啤酒免于污染。因为啤酒属于食品类，酿酒师必须遵守健康检查和其他卫生标准。酒厂大量使用清洁类化学制品和腐蚀性物质来保持设备干净。总的来说，大部分酿酒师都有环保意识，他们要么使用有效但危害更小的物质，要么在清洁用水被排放回城市污水系统或地面之前，在适当的地方设置水库或水池来处理这些水。

很多酿酒师同时也是活动分子。五大湖区有一个联盟，支持珍贵的湖水尽可能地保持原始和纯净。五大湖不仅是当地重要的经济驱动力，你还能猜到，有的湖水是酿酒厂用水的来源。阿拉斯加的酿酒师一直在关注着石油开采，他们为部分平原地区担忧，因为那里更普遍使用水力压裂法。

这让人依稀回忆起美国大革命时期，当时酒馆成了制订计划的地方，行动也由酒馆里引发，酿酒厂的人有时会在酒吧里和顾客们谈论水质干净的重要性。和平的激进主义那时只会在当地产生影响，而不会扩展到全国范围。也不只是说说而已，一些酿酒厂允许科技公司测试新的想法和设备，目的是得到更纯净的水。

举个例子，波士顿地区有半打酒厂加入了用查尔斯河水（Charles River）酿造啤酒的竞争，这条地标性的河流污染严重，连游泳都被禁止了。马萨诸塞州的一家公司从河里抽取了四千加仑河水，用反渗透法净化了河水，然后把水运送给当地的酿酒师。酿出的结果从淡色麦芽啤酒到黑啤酒各不相同，最终的回报是能够向消费者证明，有些水是可以回收的，并且，我们都需要思考防止污染，思考解决现存问题的方法。你无法判断啤酒是不是用河水酿的，大多数人都对啤酒的味道表示赞许。

我们每个人都有责任尊重我们的水源，有责任要求地球上的每个公民都能喝到无杂质的水，有责任确保那些在规定上打擦边球的公司承担责任。

麦 芽

严格来说，这一部分应该叫作“谷物”。尽管发芽大麦，尤其是两穗的品种，是最常用的酿造谷物，但不是唯一的。稻子、玉米、黑麦、小麦，还有其他谷物，都可以用于酿酒（不过在有些圈子里，稻子是脏话）。其中有些谷物适合用于无麸质啤酒。

这些用于酿造啤酒的谷物，多半来自加拿大和美国的产粮区：爱达荷（Idaho）、蒙大拿（Montana）和达科他（Dakotas）。这些地区的农场绵延数英里[1]，作物长得很高，在风中摇摆。这是一个迷人又令人心生敬佩的景象，也是国家的骄傲。孩提时代，我们歌唱着那“琥珀色的麦浪”，就在“雄伟的紫色山脉”和“肥沃的平原”旁边。根据农业部的数据，美国每年种植数千万蒲式耳[2]的谷物，其中大部分用于粮食生产、牲畜饲料和其他用途。但有一些谷物（可能比你想象的要少）变成了啤酒。那一品脱淡色麦芽啤酒绝对是爱国的。

麦芽的主要作用是提供制造啤酒所必需的糖分。麦芽制造是让谷物发生水合、发芽、干燥，为酿造过程做好准备。谷物收割后送进制造麦芽的设备里，先浸泡，待蛋白质和淀粉开始分离后，每一粒都开始发芽。接下来，将发了芽的谷物（也叫绿麦芽）平摊在大块的木板上，吸收潮湿的空气，来回翻弄它们，让残留的淀粉在发芽过程中释放。然后，谷

[1] 美制长度单位，1 英里 =5280 英尺，合 1.6093 公里。——编者注

[2] 蒲式耳是计量单位，1 蒲式耳约等于 35.238 升。——编者注

物进入干燥阶段，在烘干炉里烘干，或者烤干，让它们散发出额外的风味。对于库尔斯这样的传统酿酒厂，制造麦芽的规模大得让人惊讶不已。这些工厂建设的目的是满足使用大量原材料制造啤酒的公司的需要。

一种简单的淡色麦芽在干燥过程中会经历不同寻常的变形。根据麦芽的制作方法，麦芽起初尝起来很像原味麦片，烘烤得越久，麦芽的味道就越复杂，比如葡萄果仁味、焦糖味、巧克力味、咖啡味或者太妃糖味。麦芽如果烤焦了，尝起来就像黑炭的苦味。这种味道尽管听起来不那么理想，但试想刚从烤炉里端出来的、木柴烤的比萨，表皮上那些烤焦的黑色碎片正是我们很多人喜欢先咬的东西。这些味道都很熟悉，从早餐到甜点，它们经常出现在我们的日常生活里。我们太习惯这些味道，以至于很容易忽略它们，但我们应该尝出并赞美每一品脱啤酒里的每种味道。

麦芽是酿酒业的“白发继子”（后生产物），是一种理性的产物。酿酒师杰米·胡拉多曾这样告诉我。麦芽对成品啤酒的外观、香气和风味都有很大的影响，而且它对啤酒的实际酿造也是至关重要的。但它本身由于经常要支撑啤酒花的味道而被忽视。啤酒花是“性感”的,芬芳四溢。新鲜的啤酒花很上相，有一批狂热的拥趸，如果你试图在啤酒节上数有多少人有啤酒花的文身，很快就会数不清。在各地啤酒厂里的黑板上，酿酒师们会骄傲地公布各种不同配方里使用的啤酒花品种。切努克（Chinook）！摩萨克（Mosaic）！爱达荷 7 号（Idaho 7）！农场刚种出的新鲜试验品种！而麦芽，几乎没有吸引过人们的关注。但啤酒花只能在焦点位置占据一段时间，幸运的是，麦芽已经开始得到它应有的重视。

前文提到过，由于麦芽使啤酒散发出人们熟悉的味道和芳香，它对啤酒风味的影响比啤酒花微妙得多。麦芽是啤酒的灵魂。啤酒的大部分成分来自麦芽，比如酒精和影响口感的因素。有的酿酒师说，多亏了麦芽，啤酒才有了丰富的颜色、风味和风格，创造新的配方和风格时还有很大空间可以探索。啤酒花激发了特定的味道和香气，谷物的影响则往往一掠而过。我刚开始喝啤酒时，只会用平淡无奇的词语描述麦芽。最近几年，我在品尝或点评啤酒时，会尽可能具体地描述麦芽，因为从啤酒中挑出麦芽的风味是困难而又值得体会的经历。

很多酿酒师没有把谷物放在心上，他们根据自己想制作的配方，从产品样本里挑选需要的麦芽种类。其他人已经在麦芽制造方面探索得很深入了。他们用了很多资源去寻找大麦的不同品种、麦芽制造的过程，以及最终在啤酒中呈现的麦芽风味和颜色这些特质之间的联系，酿出的啤酒会让他们的配方成为热门。有些酿酒厂只生产红色麦芽啤酒（各个配方里用了不同的原料），比如科罗拉多州丹佛（Denver）的黑衬衫酿酒厂（Black Shirt），为的是显示以麦芽为首的风格可以变化多样，乐趣无穷。这种做法意味着关于麦芽的讨论正在转变方向。新的麦芽供应商不断出现，有的酿酒厂安装了自己的制造麦芽的设备，这些都提升了消费者的意识，也使麦芽在酒吧里的谈话中有了更重要的地位。

在美国，幸好有现代的啤酒运动，人们对麦芽重新产生了兴趣，主要的原因是传统的两穗大麦几十年来主导着配方，很多酿酒师正在拓宽麦芽的选择。六穗大麦曾经是主要的酿酒作物，到了二十世纪五十年代，美国酿酒师开始培育两穗大麦，让它们和六穗大麦作用相同。它们的主要区别在于，两穗大麦的麦穗上有两个麦仁，当然你能想到，六穗大麦有六个麦仁。然而，从前的东西重获新生，现在用六穗大麦酿酒则很常见。任何能给啤酒添加额外深度或风味的东西，现在都被认为是干燥过程中合适的添加剂。酿酒师当中有一个趋势，即把麦芽和其他配料一起烟熏，比如猪肉（酿出的啤酒带有培根的香味），或者用苹果木、槭木等特殊木材熏烤。阿拉斯加酿酒公司（Alaskan Brewing Company）用烟熏三文鱼的设备来制作他们著名的烟熏黑啤酒，这种方法使啤酒好像在油里浸过一样。

酿酒商们正在离开舒适区，致力于用创造性的原料制作啤酒，使啤酒在拥挤的市场上脱颖而出。为了获得麦芽，他们寻找的范围从传统的来源地德国、英国、加拿大和美国延伸到了斯堪的纳维亚、智利、日本和其他地方。因为麦芽制作公司提供的关键原料可能来自很遥远的地方，他们正努力让酿酒业的顾客尽可能多地了解麦芽产品。比如，日本的酿酒商札幌（Sapporo）的谷物原料来自农业集团嘉吉（Cargill）。两家公司一起追踪为札幌啤酒供应大麦的农民，把播种、施肥、耕种、收获等细节都记录下来。还有更多的酿酒商也采用了这样的方法。如此一来，酿酒商和啤酒爱好者不仅能更好地了解原料本身，还会知道原料来自哪里，知道种植谷物的农民。酿酒商和种植者兴奋地分享信息。我们大多数喝酒的人，对哪怕像谷物这么熟悉的东西，也不了解其生产过程，不了解是谁制作了我们杯子里的啤酒。

当然，并不是每个酿酒商都在这个产业层面上经营。随着酿酒产业的增长，定位业务出现了，在相对地域化的范围内支持啤酒产业。过去十年里，我们目睹了微型麦芽制造商的崛起。微型麦芽制作是为了满足较小的邻家酿酒厂的需求，它们每年只生产几百桶或几千桶啤酒。微型麦芽制造商是拥有相对较小田地的小公司，如马萨诸塞州的山谷麦芽（Valley Malt）、加利福尼亚州的舰队司令麦芽制造公司（Admiral Maltings）、南卡罗来纳州的安森磨坊（Anson Mills）、新泽西州的兔子山麦芽（Rabbit Hill Malt），还有科罗拉多麦芽制造公司（Colorado Malting Company）。他们为小型的、地方性的酿酒厂提供少量的定制谷物。对于有些酿酒厂，这样做是为了使用当地生产的原料——可以用来向顾客吹嘘兜售。而对其他酿酒厂来说，这是为了支持同类的小企业。

接下来说说中等规模的酿酒厂——比大对手小，比小厂家大，如俄勒冈州的流氓麦芽啤酒厂（Rogue Ales of Oregon）、密歇根的贝尔酿酒厂（Bell's Brewery）。他们自己耕种大麦，建造了用于发芽和处理麦芽的麦芽房。尽管并非每家酒厂都能建造完整的麦芽房（这种冒险需要极大的员工投入），但安装麦芽制造机器的啤酒厂数量正在增加。通常，这类酿酒厂每年生产的啤酒超过五万桶。自己的酒厂里有制造麦芽的设备，酿酒师就能根据具体的细节要求对谷物进行干燥处理，并且能完全控制自己的配方。酿酒师一旦做出了这样的承诺，人们就几乎不会注意不到杯中的啤酒。经过如此精心处理的麦芽酿出的啤酒，冒出独特的芬芳。这种区别就像是从杂货店买来的面包和自家烤的面包。

发酵是制造啤酒的本质过程，麦芽的作用是为发酵过程提供糖分，这一作用完成之后并不意味着麦芽就没有用了。在啤酒酿造日参观啤酒厂，你会看到成百上千千克的潮湿谷物（术语叫“啤酒糟”）正被铲进容器里——可能还在散发蒸汽。啤酒糟可以被填埋，经常这样，但它也会定期被运送到农场作为美味的饲料。它和燕麦片差不多一样，只是纤维更多、更耐嚼。啤酒糟吃起来完全没问题。标准的两穗麦芽的啤酒糟味道很接近煮熟的麦片粥。猪、牛、山羊和其他谷仓院里饲养的动物，都很喜欢吃这东西。从经济上讲，废弃的原料再利用是一个明智之举——留下好的食材免遭浪费。在很多情况下，饲养在附近的动物如果是为了屠宰养的，它们的肉很有可能会出现在啤酒厂酒吧的菜单上。啤酒糟喂养的牛的肉做的汉堡，和旁边的啤酒完美相伴。

近年来，啤酒糟不仅可以用来喂农场里的动物，还可以用在池塘里。水产养殖已很快地成了种植蔬菜和饲养鱼类的有趣而重要的方式。大致意思是，如果水池里养满了鱼(如罗非鱼)，它就成了各种植物的天然温床，从生菜到罗勒等香草。鱼排出的天然废物为植物增肥，反过来，植物为鱼净化池水。啤酒糟有时就用来喂养这些鱼。肯塔基州的莱克星顿就有这样一个地方，叫西六号酿酒厂（West Sixth Brewing），那里的水产养殖农场发展得如火如荼。啤酒糟从酿酒厂运送到鱼塘里，这些植物会生长，当鱼长到足够大的时候，它们会和当地采摘的沙拉一起被放到餐馆的盘子里。这项业务还为当地的慈善机构和食物银行提供食物。一些对狗友好的酿酒厂，把啤酒糟和花生酱或其他好吃的混合起来，做成美味佳肴给狗吃。我们人类也从中得到好处。酿酒厂里的酒吧常常用啤酒糟做比萨皮、夹三明治的面包和麦芽奶昔。在家用啤酒糟做面包的配方很容易找到，我的《美国精酿啤酒食谱》里就有两个。有些酿酒厂会把啤酒糟存在罐子里，留给优质顾客（你也可以带自己的罐子来）。同时，因为这样是在帮助酒厂处理啤酒糟，他们甚至会免费给你，不过，留下几美元的小费总是礼貌的。

越来越多的酿酒厂把重点转向强调麦芽这种原料上，我们这些喝酒的人将会谈论得更多。

啤酒花

一旦了解了啤酒花，很难不爱上它们。这不是因为它们是大麻家族的成员——虽然它们确实属于大麻家族，但啤酒花和大麻作用完全不同。实话实说，千万别尝试，不会有好下场。啤酒花只对一件事有好处，就是酿造啤酒。有些公司把啤酒花加入香皂中，能起到去角质的作用，还有人把啤酒花的油加入护手霜里。但老实说，这么做是对好啤酒花的浪费，它们本应该用在啤酒里。

你可能会把啤酒花想成花蕾的样子，但它们其实是小小的球花，竖直地长在藤蔓或长茎条上。它们长在一种多年生植物上，这种植物在特定的环境中才能长出球果。它在纬度40 ~ 50度的地区长得最旺盛，但在纬度30度的地区也能生长（南北半球一样）。啤酒花为啤酒添加了苦味、芳香和风味。

最有名的产啤酒花的国家是美国、英国、捷克和德国。这四个国家出产四种传统的啤酒花，被称为“贵族”啤酒花：哈拉陶（Hallertau）、萨兹（Saaz）、施巴特（Spalt）和泰南格（Tettnanger）。它们的风味和香气通常被描述为辛辣、泥土味、花香。它们已培育了几百年，用在皮尔森储藏啤酒和其他特定产区的经典风格啤酒里。比如萨兹这种贵族啤酒花，传统的捷克皮尔森储藏啤酒里能尝出它的存在，如乌奎尔（Urquell）皮尔森[1]。施巴特在海勒斯（Helles）窖藏啤酒中很常见。哈拉陶有时也叫中期哈拉陶（Hallertauer Mittelfrüh），是一种常见的窖藏啤酒啤酒花，以辛辣味著名。

你很可能已经听说过几次哈拉陶，它是塞缪尔·亚当斯波士顿窖藏啤酒的主要啤酒花。你也可能已经领略过英国啤酒花的芳香和风味，比如，东肯特戈尔丁（East Kent Goldings）的花香、辛辣味和蜂蜜甜味，法格尔（Fuggle）的薄荷香和泥土味，第一桶金（First Gold）的果酱味，等等。这几种啤酒花和英国产的很多其他啤酒花，大洋两岸和其他地方都在使用。

过去几十年里，南半球的啤酒花在全球市场爆发，尤其是澳大利亚和新西兰的品种。尼尔森·索万（Nelson Sauvin）和瓦卡图（Wakatu）等品种吸引了酿酒师和热爱啤酒花的酒徒们（他们常被带有爱意地叫作“啤酒花头”）的注意。尽管南半球产的啤酒花带有美妙的热带水果的芬芳，比如菠萝、番石榴、热情果和木瓜，但其他新西兰人喜爱的特色对于我们来说似乎有些怪异，比如极其微弱的汽油或湿衣服的味道。

在美国，最大的啤酒花产区在太平洋西北部，根据《美国啤酒花种植者》（*Hop Growers of America*）的数据，几乎占全国每年啤酒花产量的97%。爱达荷、俄勒冈和华盛顿的气候种啤酒花最理想，夏天漫长炎热，冬天寒冷。根部潮湿、叶

---

[1] 皮尔森为音译，即储藏啤酒，为表达方便，本书中的 pilsner 译为储藏啤酒，只有捷克生产的 Pilsner Urquell 这一种储藏啤酒译为乌奎尔皮尔森。——译者注

片干燥时，啤酒花长得最好（旺盛期的藤蔓每天能长高一英尺[1]）。人们说到“美国啤酒花”时，可能指的就是太平洋西北部种植的啤酒花。这个地区兴起了一整个啤酒旅游产业，观光、博物馆和沉浸式体验使消费者们更好地了解啤酒里最受欢迎的原料。虽然这些地方的啤酒花产量近年有些下降，他们已经花了几年时间来提高，种植者通过育种项目创新生产出新的风味，还有更茁壮的作物，其他州也在照着他们的方法种植。

插入一些历史知识：禁酒运动摧毁了美国的啤酒花作物。那时，亚特兰大中部和新英格兰地区是为当地酿酒厂提供啤酒花的农场的大本营，尤其是纽约州。大多数在禁酒运动时消失的农场再也没有复生，虽然，在圣劳伦斯河（Saint Lawrence River）沿岸的一些地方还能见到曾用来晾干啤酒花藤的高高的石塔。禁酒运动时期，太平洋西北部的啤酒花种植者出口他们的作物，《第十八修正案》废除以后，他们开始蓬勃发展。现在，几乎每个大陆性气候的州都有啤酒花农场，包括密歇根和佛罗里达。想想会觉得很奇怪，佛罗里达竟然成了啤酒花农场的家乡，它并没有适合传统啤酒花种植的气候。不过，人们对于蓝莓种植也这样说。二十世纪五十年代，佛罗里达州立大学的食品与农业科学研究院接受了一项任务，找到把蓝莓带到“阳光之州”的方式。如今，根据农业部的报告，佛罗里达州连续位列蓝莓生产州的前五名。

[1] 英美制长度单位，1 英尺 = 0.3048 米。——编者注

另一段插曲：禁酒运动还严重打击了另一种作物——苹果。然而，现在苹果种植也复苏了。人们推测，禁酒运动可能永远是土地的法则，所以各个品种的苹果只有一个用处——榨成烈性苹果酒，这种酒被毁掉了，取而代之的是直到今天仍然兴盛的各种烹调用品。过去十年里，我们发现烈性苹果酒又出现了，经常出现在酒吧里的啤酒龙头旁边。几个啤酒生产商加入了苹果酒的竞争，但大规模生产的苹果酒频繁使用烹调苹果品种和浓缩汁——想想苹果汁——代替了专门制作苹果酒的苹果品种。一些手工制作苹果酒的生产商正在和康奈尔大学的农业站这样的机构合作，他们在苹果的插条被毁坏之前将它们分类，重新找回传统的苹果品种。然而，这些品种通常产量很低，用它们生产的苹果酒数量有限，很难买到。几年前有一个广泛流传的假说，认为苹果酒会成为新的啤酒。有些生产商甚至用苹果酒来吸引喝啤酒的人。但是苹果酒的大爆发还没有形成，它可能仍将处于边缘。

啤酒花的生产略有下降，或者说，以啤酒花味道为主的啤酒重心略有下降。印度淡色麦芽啤酒是“精酿”（IRI 研究中的定义）中销售最好的种类，很难找到哪家酿酒厂不生产这种啤酒。种植者奋力满足他们的需求，创造新品种。每年啤酒花收获时——通常从 8 月中旬到 9 月中旬——全国的酿酒商都来到太平洋西北部，特别是华盛顿的亚基马谷（Yakima Valley）。他们来挑选当年收获的样品，下次年的订单，搓啤酒花（把啤酒花的球果打开，在手里摩擦捻碎，让它们出油，散发出香气），挑选大批已签了合同的啤酒花。

大多数啤酒花是干燥、真空包装的（微粒化之后），冷藏保存，留待用于酿啤酒。少量啤酒花在新鲜时就包装起来，即还“潮湿”的时候，采摘后二十四小时内送到酿酒厂，立刻加入啤酒中。这叫“新鲜酒花”啤酒或“湿酒花”啤酒。通常这些是印度淡色麦芽啤酒，散发出强烈的新鲜感、鲜亮、活力四射的芬芳。

如果把一粒啤酒花球果从藤蔓上摘下来，打开它，你会发现里面的东西黏糊、油腻，却又呈粉末状，这是蛇麻素——大多数啤酒花的香气和风味的来源。蛇麻素粉末也可以单独用作啤酒的原料，倒入啤酒中，就像做饭时把面粉倒入油脂面糊里那样。生产商还用它来提炼啤酒花油，它效果很强大，一点点油就能产生极大作用，味道极其强烈，加入啤酒中能模仿一年里任何时节的新鲜啤酒花啤酒。

已经有很多关于啤酒花的学术类的书：啤酒花的历史、科学、育种、种植。这些话题已经难以再深入，但坐在酒吧里或在酿酒厂里，你可能会遇到啤酒花头，他们滔滔不绝地说着对啤酒花的热爱，争论哪些品种更优越，聊着下一个明星品种的八卦。这样的谈话咄咄逼人，使人筋疲力尽，但也令人兴奋，因为这种谈话完美地显示了我们已经成为资深的美国酒徒。

苦，用来描述啤酒花为啤酒添加的味道，它使用的时间最长。它在我们的大脑里唤起不愉快的感觉，是人想逃避的味道，想把它换为更愉悦的味道，比如甜味。不如这样来想：没有苦味，就不能完全地品尝甜味，尽管啤酒花带有苦味，大肆渲染它的苦味是不公平的。

啤酒花就像是啤酒的香料，不同的品种带来不同的芳香和风味，我们对有些香气会产生积极的联想。啤酒花最常见的香调是柑橘类花香：葡萄柚、橙子、柠檬、酸橙。还有松木或松香的味道，属于泥土味，比厨房清洁用品里的松香味更好闻。有些啤酒花品种带有热带水果的香气，比如杧果和奇异果，还有一些啤酒花闻起来像蜜瓜、大葱甚至奶酪。现在还有草莓、蓝莓、桃子等新的香味，甚至还有柑橘类的分支，比如橘子和野柠檬。有时啤酒花闻起来像猫的味道，定期清理猫砂盆的人会熟悉那种味道。当然还有一些啤酒花品种闻着像大麻，酿酒商把这种味道称为“沼泽”。

大多数风味和香气我们都很熟悉：早餐中有我们喜欢的葡萄柚和橙子；沙拉里会切入洋葱；在某些合法的州，我们可能还会偶尔吸食大麻[1]。如果遇到有人发誓说自己“不喜欢啤酒花”或不喜欢啤酒，因为它太苦了，我会推荐他尝一种美国淡色麦芽啤酒，像内华达山脉产的那种。首先，我会指出熟悉的香气和风味，鼓励他在喝啤酒之前真正地闻一闻——分辨出松木、葡萄柚和花香，这些味道来自啤酒里的卡斯卡特啤酒花。他一旦能确定分辨出其中至少一种香味，啤酒花的体验就变得

[1] 大麻有一股独特的气味。此处指的是，对于生活在吸食大麻合法的州的人们，这种味道是很熟悉的。——编者注

容易接受了一些——他们的乐趣也会大大增加。

当今的美国啤酒复兴建立在啤酒花的基础上。在啤酒风味啤酒的过去，大型酿酒厂只在很少量的啤酒中使用啤酒花。很多情况下，啤酒花的味道仅仅是个提示，甚至连米勒都用“三花酿造”这种营销行话来推销它的低度啤酒。作为回应，现在的酿酒厂致力于吹嘘啤酒里的国际苦味单位（International Bittering Units，IBUs），有段时间，大家认为“啤酒花越多越好”。平淡无奇的配方曾经统治了美国，酿酒厂发展的趋势与之相反，把大量的啤酒花扔向消费者，直到人们臣服于蛇麻素。

这个策略奏效了。现在，啤酒花统治了关于啤酒的讨论，这个现象有好处也有坏处。好处在于我们能喝到有风味的啤酒，坏处则是很多啤酒花头会过于迅速地驳斥还没有完全了解风味的人或和他们发生争论。

我听过太多次这种片面的谈论，谈话的开头常常是：“你说不喜欢啤酒花是什么意思？！”他们仿佛在羞辱一个还没学会秘密的握手方式的人。他们没有帮助这些人融入了解这种原料（我猜测他们自己是在别人的帮助下了解的，我刚开始喝酒时当然也是那样），相反地，他们只是恼怒地走开了。这种建立于啤酒花之上的交流对谁都没有好处。

在我看来有意思的是，尽管现在人们热爱啤酒花，它并不始终是话题的一部分，甚至原始的啤酒配方里也没有它。追溯至公元前 500 年，化学证据表明欧洲出现了啤酒花啤酒。但几个世纪以来，各种香草都被用来给啤酒增添风味，这种结合叫作格鲁特（gruit）。现在格鲁特常指的是不含啤酒花的啤酒。有些酿酒商仍然生产格鲁特，不过生产得少。人们想要啤酒花，他们要什么就给他们什么。

酿造过程中，分别在几个节点上把啤酒花加入啤酒里。大多数配方里，酿酒师会在麦芽汁（谷物煮沸得到的含糖液体）煮沸的过程中加入啤酒花。还有一种方式是啤酒花干泡法，在发酵槽里加入啤酒花，甚至是在酿酒的小桶和大桶里，这种方法能让啤酒花的味道更有活力。酿酒师们很久以来就使用干泡法，近年来，随着新英格兰风格的印度淡色麦芽啤酒（特意酿造得浑浊的淡色麦芽啤酒）这一分支的出现，采用干泡法的人更多了。很多制造这一风格啤酒的酿酒商在啤酒的包装和描述里加上了“DDH”三个字母，“DDH”指的是“啤酒花二次干泡法”。我的播客节目《偷走啤酒》（*Steal This Beer*）里经常提到 DDH，主要是因为提到它就让我的合作主持人奥吉尔·卡登（Augie Carton）厌倦。他从酿酒师的角度分析：“在激烈的军备竞争时期，啤酒花二次干泡法起初用来使多重啤酒花干泡制造的啤酒香气适宜。随着重点转向了香气的潜在作用，DDH 的不足成了替补方法。字母 D 指的是二次，至于它的意思是增加两次还是增加两倍，这不再重要，只要它能表示出啤酒中的香气是重点。字面意思不再是字面意思，DDH 也不再是‘加倍’或‘第二次’的意思，它指的是让啤酒的芳香变得更完整、远离苦味的过程。”这就是标有“DDH”的啤酒通常散发出强烈的啤酒花香，看起来像是浑浊、浅黄色的奶昔的原因。另外，在包装上加上这几个字母，啤酒商就能多卖几个钱。一些人鼓吹，DDH 应该成为一个独立的、子风格的子风格。

很久以来，我们已经接受了啤酒花是啤酒的一个元素，但几年前我忽然想到，它能成为原料确实有点好运气。我记得有一次和马特・柯克加德（Matt Kirkegaard）谈论起啤酒。他是一名澳大利亚记者，主要负责报道澳大利亚和新西兰的啤酒产业。他非常严肃地问了我以下问题：如果现在才发明啤酒，它看起来和喝起来会是什么样？我想了一会儿，得出结论说，可能没有啤酒花。因为啤酒花只用在啤酒生产中，几乎没有其他用途，我怀疑随着时间推移，这种植物是否还能生存，或者是否还能得到广泛培育。

为了支持我的观点，后来我问了斯坦・希罗尼穆斯（Stan Hieronymus）对此的看法。他也是记者，写过一本书——《给啤酒花的爱：香气、苦味和啤酒花文化实用指南》（*For the Love of Hops: The Practical Guide to Aroma, Bitterness, and the Culture of Hops*）。他回复道：

“如果现在才开始啤酒的元年，就像历史上的元年那样，它可能没有啤酒花，我同意这一点。但是现在仍然有野生的啤酒花，美国和欧洲都有，所以问题应该是，人们过了多长时间才把啤酒花加进啤酒里，又过了多久人们才发现煮沸啤酒花的价值。我们不知道第一次时发生了什么，只能猜测。不过，我推测煮沸过程中的异构化作用会更快被人理解（异构化作用的意思是，一种分子转化成另一种分子，原子数量不变，组合方式改变）。”

就他来说，柯克加德认为“啤酒”这种东西如果现在才被创造出来，会类似于窖藏啤酒，通常是浅黄色的，人们在沙滩上喝这种东西。这种饮料不想让人不适，而想吸引四面八方的更多的人。我们对这些问题理论上的讨论非常活跃，我还与其他一些和啤酒行业有关的作家和有思想的人展开了讨论。他们的谈话也没有令人失望。

卡拉·琴·劳特（Carla Jean Lauter），一位在缅因州波特兰的作家，她写道：“我能预见到一些情况将创造啤酒的新的创世纪时刻。如果我们认为社会的其他方面都保持原样，我们现在都处在同样的情况下，除了啤酒，那么我会看到一些原创的观点。”关于啤酒花的问题，她说：“酿酒师们可能用所有的苦味剂来试验，直到最后遇到了啤酒花。然而，我认为他们更有可能先在沸腾过程中尝试了所有的添加剂，也就是说，最初的啤酒可能是酸的，带有水果味。”

《佛罗里达州的酿酒厂》（*Florida Breweries*）一书的作者，杰勒德·瓦伦（Gerard Walen）同意卡拉的观点。“我想啤酒的发明者也许没有想到它需要苦味来调和。人类的集体口味已经习惯了过多的甜味，认为它使人愉悦，能产生渴望。”

社交媒体上的讨论没有任何约束，但最终我们基本都认为，啤酒的趋势会转变为水果风味浓烈的甜味啤酒。有些人推论说，酒精度更高的、以麦芽为主的啤酒会更受欢迎。一名加拿大记者唐·谢（Don Tse）也加入争论，他认为啤酒的根源应该是玉米和大麦。

“玉米是主要的粮食作物，很多地方都需要它（比如，很多食物里都有高果糖玉米糖浆）。确实，我发现现在不少的啤酒中都用了玉米，但我的意思是，啤酒更可能是用玉米酿造的。回顾啤酒花出现之前的时期，啤酒中添加了各种香草和香料调味，因此我认为，啤酒如果现在才发明，应该是像过去那样的。玉米的味道相对很淡，区分不同品牌的啤酒靠的是它们添加的不同香料（就像精酿杜松子酒生产商现在正试图用不同的植物来区分自己一样）。”

即使这次谈话已经过去了四年，这番话的逻辑现在看起来仍是可靠的。

很多加入这场争论的人认为，近期发明啤酒这个概念没什么希望。密苏里州洛克威尔啤酒公司（Rockwell Beer Co.）的酿酒师乔纳森·马克西（Jonathan Moxey）推测，这种啤酒里面会有“咖啡因、人参、牛磺酸、瓜拉纳和五号黄色染色剂”。记者杰夫·齐洛蒂（Jeff Cioletti）认为，发酵过的高果糖玉米糖浆用接骨木花调味最合适不过了。根据柯克加德的观点，这种调味的啤酒“作为新产品，它应该足够刺激才能引起人们的兴趣”。

什么？引起兴趣？如果按这个标准，很难想象酿酒商们不会重启啤酒花的用途，无论是什么时候开始使用啤酒花。

酵 母

酵母是酿造出啤酒的奇妙的微生物。不同风格的啤酒需要不同的酵母菌，它们产生的味道多种多样，从香蕉、泡泡糖、花香到胡椒、丁香和怪味。

人们普遍认为，酿酒师制作麦芽汁，但只有酵母能制作啤酒。这是真的。酵母是一种真菌，麦芽汁冷却后加入酵母（通常是一天的酿造工作结束时），酵母其实吞食了麦芽汁，混合物和酒精共同发酵，最终产生碳酸化的结果。科学尚未能解释发酵过程时，我们的祖先认为它是上帝赐予的礼物。不过现在我们已经知道了酵母着实是个奇迹。没有酵母，我们就没有啤酒喝。

酵母在啤酒中的作用——从单纯的创造啤酒到散发出香气和风味——再怎么夸大也不过分。有的酿酒师会制造出同一风格的啤酒，再分批加入不同的酵母菌株，用以强调酵母对啤酒的影响。如果制作得好，仍然能尝出基底啤酒的味道，但酵母给啤酒带来了如此多的变化，令人兴奋不已。专业酿酒师会时不时地要一把这种技术，重新组合已经过考验的配方。如果反复使用同一种酵母，酿酒师会形成习惯，更换酵母会产生令人愉悦的惊喜，酿酒师和顾客都会以新的方式重新品尝曾经最爱的饮料。

啤酒整体上分为两大类：麦芽啤酒和窖藏啤酒。酵母是区分两者的关键。在窖藏啤酒的发酵过程中，酵母在酒槽的底部汇集起来。而在麦芽啤酒的发酵过程中，酵母则浮在表面（区分两类啤酒的其他因素还有时间和温度。麦芽啤酒的酿造周期只有几周，喜欢更高的温度，六七十华氏度[1]，而窖藏啤酒的酿造时间长达几周甚至几个月，温度在 32 华氏度到 55 华氏度。当然，这只是常见情况，每种配方和酵母菌株的情况都不同）。

“每种酵母达到最佳味道的温度都不一样，”酿酒教练斯蒂夫·帕克斯（Steve Parkes）告诉我，“窖藏啤酒的菌株在低温下能酿出好啤酒，而麦芽啤酒的酵母则在较高的温度下酿出好啤酒。”麦芽啤酒酵母，通常叫作“酿酒酵母”，拉丁学名是 Saccharomyces Cerevisiae，一般产生出水果味、辛辣味或泥土风味。麦芽啤酒是英国和比利时的传统啤酒，是美国现代啤酒复兴的源泉。这是因为它的风味是人们熟悉的味道，比其他风格的啤酒更令人愉快。另一个原因是麦芽啤酒大多可以不计较瑕疵，比如奇特的风味，下面我们简单讨论一下这个问题。

二十世纪八十年代和九十年代（甚至现在），酿酒厂和酒吧在美国各地开张，主要生产麦芽啤酒。麦芽啤酒短短三到十天就能酿成，意味着酿酒厂可以更快地售出啤酒，酒槽能更快地重复使用。这比生产窖藏啤酒快，窖藏啤酒需要 28 到 40 天（常规如此）。另外，新一代酿酒师创立了一种方法，酿酒过程中可能会产生出不如意的味道，他们需要能压倒或掩盖（至少减轻）这些味道的配方。解决不了这些问题的酿酒师大多半途

[1] 摄氏温标（℃）和华氏温标（℉）之间的换算关系为：℉ = ℃ × 1.8 + 32。——编者注

而废。能解决味道问题的酿酒师改善调整他们的麦芽啤酒，以求完美，他们当中很多人也尝试酿造窖藏啤酒——酿造要求更严格。

如前文提到的，窖藏家族的啤酒所需的酵母菌株在低温下发酵的效果更好（比如，巴斯德酵母，拉丁学名是 Saccharomyces Pastorianus，又名卡尔酵母，拉丁学名是 Saccharomyces Carlsbergensis）。这种啤酒需要处理或放入地窖多储存一段时间，以达到可饮用的最佳状态。窖藏啤酒是德国、捷克和其他中欧国家的传统啤酒，也是美国的百威、米勒等酒厂的主要啤酒风格。它变化极其无常，很难酿好。无论酿酒厂规模大小，如果能酿造出技术成熟、毫无缺陷的窖藏啤酒或储藏啤酒，这样的酒厂值得喝彩。

这两大啤酒家族中，有几百种酵母菌株，它们被鉴定、分类编目、繁殖、储存起来。酵母银行是最冷的地方——想想电影《侏罗纪公园》（*Jurassic Park*）里的低温学实验室。它们当中既有圣路易斯州百威酒厂那毫无特色的建筑，也有圣地亚哥（San Diego）和阿什维尔（Asheville）的现代化白色实验室。

现代啤酒中使用酵母，是人类意志力的证明，或者说，其实是我们对自然的控制。几个世纪以来，酿酒师培育酵母菌株，让它们长到最合适酿啤酒的程度。本质上，酿酒师驯养出了这些酵母，这在微生物里很罕见。根据不同的菌株，酿酒酵母散发出令人愉快的气味（像酵母小麦啤酒中的丁香味），酿酒师花了几个世纪致力于获得完美的啤酒，才挑选出这种味道。酿酒酵母发酵只产生几种糖类——有些留在啤酒中，而其他菌株则消耗了麦芽汁里的所有糖分。酿酒酵母完成使命后留在发酵槽里，留下独特而自然的痕迹。这是瓶装啤酒的福利，也是一些家庭酿酒人的福利。为了省钱，节俭的人自己动手发挥创造性，把能买到的商业啤酒瓶底的酵母保存起来，培育繁殖，再把它用在他们自己酿的啤酒中。

每种风格的啤酒都有特定的菌株。酿酒师只需在目录中翻找出适合配方的酵母，从越南窖藏啤酒到酵母小麦啤酒，再到英国黑啤酒。有些酿酒厂致力于培育自己专利的“厂家酵母”，使自己生产的啤酒具有其他啤酒没有的特殊风味和特征。

即兴发酵的啤酒也是如此。以香槟啤酒（gueuze）为例，将麦芽汁煮好以后，倒入冷却盘（其实是个大池子），暴露在各种元素里，或至少靠近敞开的窗户。滚热的液体过夜自然冷却（环境温度适宜才能酿酒），冷却过程中，酿酒厂墙壁上和房梁上自然存在的酵母溶入麦芽汁，酿造就开始了。接下来将液体倒入桶里继续发酵。

这样的酿酒需要很深的信念。相信酵母会发挥它应有的作用，相信不会产生新的和奇怪的东西，哪怕即使有奇怪的地方，也相信啤酒不会受到太大伤害。使用这种方法的酿酒师定期把酿好的瓶装啤酒喷洒到墙上，控制酿酒的结果，这种做法很普遍。

人们培育了这么多种酵母，酿酒师们很容易就能订购需要的东西，用联邦快递送过来，每天都有进展，解开更多这种奇妙的微生物的秘密。因此，用近期发现的酵母菌株酿造的啤酒会产生在以前完全无法想象的风味。2012 年，桑迪飓风袭击了纽约都会区，康涅狄格州斯拉特福德（Stratford, Connecticut）的两条路酿酒厂（Two Roads Brewing）和当地的家庭酿酒师合作，尝试获取暴风中空气里的酵母。他们的努力成功了，酿出了名叫“郊区疯克”（Urban Funk）的啤酒。

地方性特色的酵母还有另一个创造性的例子，是由密尔沃基的湖畔酒厂（Lakefront Brewery）创造的。几年前在精酿啤酒商年度大会上，我碰巧遇到了这家酒厂的创始人拉斯·克里施（Russ Klisch）。我们周围充斥着关于啤酒花、麦芽、新设备的谈话，而克里施想聊聊酵母。他告诉我：“现在为了风味，人人都把精力集中在啤酒花上，但更好、更多样化的风味可以由不同的酵母产生。”他谈起一种当时新发现的菌株，是威斯康星州出产的。像很多酿酒商一样，克里施也喜欢使用本地产的东西。然而，一旦涉及酵母，他就不得不只能从目录里订购，里面没有哪种酵母是威斯康星特产的。当地有一家家庭酿酒设备商店，商店经理在普渡大学获得了微生物学的博士学位，所以当克里施问他是否有兴趣寻找威斯康星本地的酵母菌株时，这位经理热情地答应了。他们二人从啤酒的另一个成分——麦芽开始寻找。最初他们用的是湖畔酒厂的一个大麦样品，在美国本土种植和制成麦芽的，他们把这种大麦碾碎，和水一起放入试管，没有其他东西。酵母和别的微生物一起开始生长，克里施的合作者给它加入了更多的威斯康星本地种植的大麦，使它继续生长。克里施接着说："他很有才华，能把酵母里的细菌分离出来，培育出的分量足够用于一批家庭酿酒。"最终，这种培育过程扩大了规模，能用于商业酿酒。这种啤酒很像白啤酒，因此最终的成品被叫作威斯康星白啤酒。它是酒厂的夏季特供啤酒，已经持续了几年，并且没有迹象显示它会停产。

怀着现代啤酒的精神，克里施认为让大家都能得到新品种菌株比专利垄断更好，因此，现在通过家庭酿酒的北方酿酒厂（Northern Brewer）或专业酿酒的维斯特实验室（Wyeast Laboratories），就能买到威斯康星白啤酒的酵母菌株。克里施说："酵母是精酿啤酒商的最终前沿。"

酵母菌株的整个微观世界都有待探索。科学家们从黄蜂的腹部和翅膀中抽取出酵母样本，用于制造啤酒。有一家酿酒厂甚至从女性生殖器里提取酵母样本，可以说他们越界过分，很快引起了激烈的言论。这个话题我们不须详细展开讨论，即便是最随意的调查也能显示出这种东西几乎没有市场。他们只是为了让人震惊。

有些酿酒师只需照照镜子寻找灵感。举个例子，俄勒冈州流氓麦芽酒厂（Rogue Ales）的酿酒大师约翰·梅尔（John Maier），2015 年他创造了一款啤酒，名叫胡子啤酒，这款酒是美国野麦芽啤酒，用银币啤酒花（Sterling）、慕尼黑麦芽、C15 麦芽和皮尔森麦芽酿造，酵母则来自他自己的胡子。是的，你没有看错。这种用来发酵啤酒的酵母，来自酿造这款啤酒的人刚拔下来的胡子。根据流氓麦芽酒厂的说法，梅尔的胡子传统从 1978 年就有了。瓶子商标的主要标志是梅尔的面部（和胡子）画像，但没有写太多的品尝特征。它鼓励人们“尝尝吧，我们觉得你会大吃一惊”。

为了采访、报道，我接受了这个挑战（主要是为了让你们不用接受挑战）。把胡子啤酒倒入一个郁金香高脚杯里，根据当时的笔记，我“被它的浅青铜色和微白色泡沫激发了好奇，杯子里冒出橙花和蜂蜜的香气。我想知道梅尔是不是在里面加了特殊的洗发水”。刚喝了一口，我就感到了“这款麦芽啤酒醇厚，轻微辛辣，有刺激味道，有明显的柑橘味，还有一点蜂蜜似的黏性”。我又吞了几口，享受着它的风味，努力不去想它的发酵来源。

酒杯空了，奇怪的味道也消退了，很明显，意料之外的味道里能产生出伟大的啤酒。流氓麦芽酒厂的试验（还有其他试验）完全有可能走上另一条路，制造出可怕的、无法下咽的啤酒。无数的酵母试验结果最后都被倒进了下水道，但为了拓展已有产品的边界，这是必然的过程。

我发现最有趣的事情，是对新酵母品种的追求和对即兴发酵的完全信奉。去酿酒厂和酒吧时，你会经常见到“野麦芽啤酒”这样的标志。这些啤酒通常用酒香酵母发酵，这是种天然的酵母菌株。喝葡萄酒的人可能知道，“酒香酵母”这个词是脏话，像一把刀插入酿葡萄酒的人的心脏。它散发出泥土、胡椒的浓厚香味（有些人的说法没那么好听，比如“谷仓空地”或“鞍褥”），给啤酒带来了新的维度，吸引了一些酿酒商和酒徒的注意。他们迎接酒香酵母的方式正如酿葡萄酒的人远离它的方式（尽管自然的葡萄酒运动很大程度上多亏了啤酒才产生，一些“奇特”的味道是开放的、能被人接受的），这使一些酿酒商思考“野生”这个概念是否已经偏离原来的目的。

我和布兰登·琼斯（Brandon Jones）谈过，他长期在家酿酒，写一个叫作“拥抱怪味”（Embrace the Funk）的博客，谈的就是味道。他现在是纳什维尔亚祖河酿酒厂（Yazoo Brewing）的专业酿酒师、混酒师和看酒桶的人。他的疑问是：如果在酵母目录里能订到酒香酵母，那么它还能算是真正“野生”的吗?

他和其他人关于这个问题争论不休。他们想保持自然的传统，但也意识到用人工培育的菌株有好处。有一个解决办法是利用移动的冷却盘，把麦芽汁传送到农场里和田地里，让它流入真正的野外。有些酿酒师用这个办法在州立公园和国家公园里酿酒。还有些方法既能找到产自特定地区的新风味，也能开发来自我们游牧根源的味道，有点像我们的祖先酿出来的味道。还有一些更商业化的方式，一家建在纳什维尔的公司——私货生物公司（Bootleg Biology），正在挑选酵母菌株，每种菌株代表一个邮政区，可以让专业酿酒师和家庭酿酒师都能酿出真正的“本地制造”啤酒。

现在大家都对酵母感兴趣，当然，除非你喝的是百威。美国销量最好的啤酒有四种原料：水、麦芽、稻子和啤酒花。没有酵母。油管（YouTube）上有一个不到十五秒的视频，视频里一家酿酒厂不情愿地承认，酿造过程中使用了酵母，又把它过滤掉了，只保留了其他原料。我想，这家公司雇用的那些勤奋、受过正统训练的酿酒师看到这堆营销鬼话时，会不会和我一样感到难堪。不管酵母是否留在酒里，每种啤酒风味里都有它的痕迹。

我们正处在试验的全盛期，既有用盐水酿酒的试验，也有用面部毛发提取酵母的试验。作为消费者，我们应该要求酿酒师继续创新、改进，同时也要尊重四大原料所体现的传统和风味，它们是水、麦芽、啤酒花和酵母。少了哪一个，都会远离最初使啤酒特殊的因素。

第三章　风味的重要笔记

我们的讨论离四大主要原料的基本风味越远，就越接近未知领域。我完全赞成探索，我明白是酿酒厂使我接触到了新的水果、混合咖啡和其他我原本可能接触不到的原料，但我很遗憾，每次新的啤酒风味只持续了很短的时间，比如，葡萄柚味的印度淡色麦芽啤酒，其他酿酒厂蜂拥而至，掉进了同一个风味的兔子洞。整体上，他们很难爬出来，再回到最基本的配方上，而最基本的配方是啤酒的根本。

我仍然更喜欢经典啤酒，但偶尔也会出于专业职责和好奇心，挑选尝试印度淡色麦芽啤酒风味。我喜欢阿扎卡（Azacca）和卡斯卡特等啤酒花中天然的葡萄柚风味，但现实中，我并不喜欢葡萄柚。早餐时我不吃葡萄柚，沙拉里也不放葡萄柚，至于葡萄柚汁，我更想把它倒掉而不是喝下去。不过，我知道它的味道，也能够欣赏它为啤酒添加的风味。

这一章的内容很重要，请注意：我们不喜欢的啤酒和不好的啤酒，它们是有差别的。

质量管理是从百威到邻家微型酒厂（通常定义为每次产量两桶或少于两桶）都要面对和坚守的问题。科学进步使检测设备更容易得到，价格也更能接受。低端的实验室建设需要几千美元，但这是必需的开支。任何一个接受过专业训练的酿酒师都学过用哪怕是最基本的设备，也能检测酵母数量和酿酒过程中其他的量化指标。标准化的批量检测能生产出更好的啤酒，帮助酿酒师规避不必要的隐患。作为消费者，参观一家即将开业的酿酒厂时，他们急于向我炫耀纪念品柜台里塞满的帽子和

T恤衫，或炫耀像酒花浸取槽（从啤酒花里提取精油、注入啤酒的设备）这样的酿酒厂炫酷玩具，或崭新的、能抬起几托盘酒桶的叉车——但是却没有实验室，我对此感到苦恼。这类经历次数太多，多得数不过来。

实验室的设备安装和正当的质量管理方法的建设应该在酿酒厂开业以前完成，当然也是在向市场供应啤酒之前。向大众消费市场供应的啤酒如果不按标准生产，不但对消费者是粗鲁无礼的，也伤害了整个行业。罕有哪家酒厂第一次酿酒的配方是完美的，因此每一批都要经过反复试验，也就是说，严格地检查原料、酿造过程、煮沸时间和包装。当今市场上竞争的酿酒厂如此之多，价格相同，因此应该保证出厂的啤酒在每个方面都达到了最佳。

酿酒厂达到这些目标并不难，尽管过程可能是屈辱的。我敢打赌，现在市场上最好的啤酒是从品鉴陪审团开始的，陪审团不只是那些喜欢说着过度积极鼓励话语的家人和好友，还有行业里的专业人士，他们受过品鉴的培训，愿意提供真实无情的观点。在正式面市之前充分考验配方，能保证消费者一次又一次喝到的都是口感良好的啤酒。一些酿酒厂还采用了严格的感官分析，而另一些啤酒厂则只是在酒吧里对配方进行第三方测评。这使最终生产的啤酒已经品尝了其他可能出现的变化，这也正是酿酒厂想要的结果。

完成像导游资格认证这样的培训，对于酒厂厂主、酿酒师和其他员工来说是好事。培训课程中感官比重占得很大，通过检查酿酒过程、配方，了解它们背后的历史，得以深度了解独立的啤酒风格。项目里甚至还有清洗生啤系统的操作过程。大型酿酒厂和家庭酿酒厂都可以使用工具包来帮助酿酒厂识别啤酒花和麦芽品种，以及诸如二乙酰（见下文）之类的异味。教育和测试永远不应该停止。质量控制没有商量的余地，持续监控是强制性的。

离开原料成分的话题，转而讨论配送方法也很重要。即使是有着可靠的质量控制标准的大酿酒厂，也时常希望改进。比如，内华达山脉酿酒公司发现，瓶子从瓶盖式的换成了瓶塞式的之后，它们的啤酒味道更好了。

也许，最重要也是最容易得到的东西就是经验。很多在二十世纪九十年代行业震荡中生存下来的酿酒厂，它们的厂主或员工有着丰富的专业经验或家庭酿酒经验，这些人知道啤酒的味道应该是什么样的，不害怕在必要时倒掉一整批酒（甚至在考虑到经济损失的情况下），因为他们知道味道坏了的酒不可能成功。

话虽如此，如今我们所认为的劣质啤酒正在不断变化。在严肃的啤酒吧或者啤酒极客周围待久了（通常不需要那么久），你就会听到有人咕哝“怪风味”。可是啤酒里的什么风味是怪风味？怪风味是怎么出现在啤酒里的呢？

设备清洁不彻底、酿造技术糟糕、发酵失误，还有其他很多原因，都会产生怪风味。这些失误会造成啤酒里出现本不该有的化学合成物，或发生不该发生的化学反应，比如，乙醛、氯酚、双乙酰、二甲基硫醚（DMS），还有氧化反应。不管是哪种原因，一旦以上任何一种物质出现在啤酒中，就很难（或不可能）消除。它们会散发出药味、金属味、臭味、肥皂味、硫黄味。这五种味道很容易被辨别出来，尽管它们在某些情况下是正常的，但出现在啤酒里就会让酿酒师感到极其挫败。和描述主要原料一样，描述啤酒中时而出现的这些化学合成物的味道也很重要。乙醛的味道尝起来或闻起来像青苹果，或刚切开的南瓜。氯酚的味道像创可贴。双乙酰和二甲基硫醚的味道是我们喝酒时最可能遇到的，前者像电影院里的爆米花，后者像奶油玉米。

但是你会说，等等，我在看最新的超级英雄电影时，喜欢爆米花上的黄油；小时候第一次吃奶油玉米时觉得它是美味的蔬菜。为什么不喜欢啤酒里出现这些味道？澳洲青苹果很好吃，但为什么出现在啤酒杯里，它的味道却不一样？

其实这些问题都归结于已经稳固了几个世纪的啤酒风格。随着时间的推移，我们大家共同决定了印度淡色麦芽啤酒应该是什么味道。我们吃龙虾时可能会喜欢融化的黄油，但烈性啤酒中的黄油会减弱啤酒里核心原料的味道，并且改变了整体的风味特点。窖藏啤酒里的青苹果味也是如此，还有淡色麦芽酒里的奶油玉米味。这些味道的出现也代表了制造啤酒的技术水平。好的酿酒师知道如何防止这些味道的出现。对于酿酒师来说，得到了从未有过的，能够解决这些麻烦的资源。任何能想到的问题都有解决之法，就像从酿酒师网络论坛里搜索答案一样便捷。

不过，这些问题一直存在。我工作中的最大特权和利益就是能参观全世界的酿酒厂。我能见到酿酒师，能品尝啤酒，能见到创新的发明和原料，还能观察到有助于我报道行业整体新闻的趋势。2016 年年中，在去肯塔基的行程中，我从一家酿酒厂订了一批啤酒，这家酒厂提前 24 小时向大众开放。尽管外面天气阴霾，屋内却充满了快乐的能量。酒厂员工忙着为参观者服务，同时也要解决日常的问题，空气里带有一丝丝新粉刷的油漆味。

啤酒本身尚可，阵容是美国现在的酿酒厂常见的，都在意料之中：几种印度淡色麦芽啤酒，一种苏格兰麦芽啤酒，一种琥珀麦芽啤酒，一种小麦啤酒。我当天的笔记里写了自己对几种啤酒里的瑕疵表示理解（比如淡色麦芽啤酒里的二甲基硫醚），还有一些将来有望能解决的技术问题（比如低碳酸化）。某一刻，酿酒师走了过来，看起来就像一个刚刚跑完马拉松，跑到开啤酒厂终点线的选手。没有任何提示，他做的第一件事就是为桌上的啤酒道歉：这不是他的配方所期望得到的结果，他知道有怪风味，下次他会努力酿得更好。他承认的这些事情代表了专业酿酒的好处和坏处。好处在于他愿意做得更好，愿意尽力发挥自己的才华，为顾客提供更好的产品。坏处则是他只有一次机会给顾客留下正面的第一印象，故意把不合标准的啤酒端给付了钱的顾客，是对整个行业的冒犯。

其他一些怪风味则是由曝光问题（术语叫“日光嗅味”）

或氧化反应造成的，前者闻着是臭味，后者闻着像潮湿的厚纸板，新鲜啤酒应该避免这些怪风味。但有些情况下怪风味可以接受，比如，塞森啤酒中允许出现轻微的日光嗅味，或者，存放了十年的大麦酒带有潮湿的厚纸板的味道，也有点像雪利酒的味道。

有些酿酒师喜欢一些特定的怪风味。为什么不能酿造加入龙虾的、带有双乙酰味的烈啤酒（它是较传统的牡蛎烈啤酒的变种）？何不用所有的配料酿造砂锅融合啤酒（casserole beer）？答案是：可以，会有特定的消费者聚集而来，甚至可能喜欢这种啤酒。只是这些啤酒不太可能赢得啤酒品酒师资格认证协会（Beer Judge Certification Program）的很多奖项。这些酒很新奇，人们时不时地喝一点，每次喝上几盎司会很有趣。而对于日常喝的啤酒，即那些我们在酒吧里按品脱点的啤酒，则由我们这些酒徒、超级啤酒极客或其他人来决定和了解怪风味的常识。如果允许酿造次等啤酒，把它端上桌子，还不警告酿酒师，我们越经常允许劣质啤酒的生产和销售，而不去提醒那些可能不知道劣质啤酒的酿造者，或者仅仅是认为这些啤酒合格就会对其他啤酒厂和啤酒造成更大的危害。所以，如果你闻到啤酒里有青苹果、霉菌、假黄油的味道，要明白那很可能是缺陷。这种情况下，礼貌一点就能解决问题，如果端给你的啤酒里有以上这些味道的痕迹，想办法让酿酒师知道，或者至少让酒保知道。

但愿他们能接受这些，但我们要对这种交流的其他可能做好准备。几年前，在南佛罗里达州的一家酿酒厂，我在酒吧里等待和一位获奖的家庭酿酒师见面，他就住在附近。我点了一品脱棕色麦芽啤酒，很失望，啤酒黏糊糊的，散发出假黄油的化学气味。我悄悄地向酒保示意，告诉他这杯啤酒的缺陷，要求换一种啤酒。他把酒端了回去,但端走之前高傲地向我解释,这家特别的酿酒厂由一位颇有成就和声望的酿酒师负责。所以,不管我是什么人，我的评价绝对是错误的。他给我换了一种啤酒，但要我按照第一次点的啤酒价格付钱。

提醒诸位,当时我没有说出自己的身份或职业（诚实地说,因为没有人会喜欢说“难道你不知道我是谁吗”的家伙）。我联系的人，那位家庭酿酒师来了，他是那里的常客，跟酒保打了招呼。酒保指指我，说了些什么，大概是“你的伙计好像认为他是什么专家，对我们的啤酒说话很不客气”。

家庭酿酒师大吃一惊，告诉酒保我的资历，我保持沉默，酒保脸色大变。几分钟后酿酒师本人来到我们身边，他道歉并承认这批酒的味道不对。然后大作声势地把这款酒从啤酒龙头的流水线上搬走了。

我并不想当浑蛋。我只是不愿意为坏啤酒付钱，你们也不应该为此付钱。越来越多的酒徒已经了解了显然是无意出现的怪风味（希望酿酒师在实践中尽可能少造成这些无意的怪风味），如果发现这些问题时我们说了出来，随着时间推移，啤酒会越来越好。这样对大家都好。与此同时，如果喝到了坏啤酒，不把钱要回来是不合理的。

这一点，我们很多人常常会忘记。我们消费者是花钱的人，所以我们有权这样做。如果买了次等啤酒或不好的啤酒，而酿酒厂不退钱，顾客很有可能不会再去那里。质量是关键。没有质量，酿酒厂就没有凭之立足的好名声，很快就会破产。

然而，正如前面提到的，不要把正常的质量和我们个人的口味混淆，这一点也同样重要，因为口味并不总是和我们想的一样。以西瓜为例，刚切开的西瓜鲜嫩多汁，里面是明亮的粉红色，外皮翠绿。夏季野餐时，在美妙的池边聚会时，西瓜是重要的食物。它的味道是什么样的？你能从记忆里找出西瓜的味道吗？再想想快乐牧场主牌（Jolly Rancher）的西瓜味糖果或其他水果硬糖。糖的味道是不是更容易想起来？我想是的。事实上，即使是汁液最饱满的西瓜也含有几种味道，但不是很多。糖果制造商要的是其中强烈的味道，所以他们的方法是用“化学能制造出的更好的味道”。他们调制一批味道的合成物，能让人想起水果本身的味道，再加入额外的糖，直到调配出人们再熟悉不过的糖果味道。西瓜味水果硬糖的味道和真正的西瓜味道差了无数光年，但大家仍然都会说“那是西瓜的味道”。覆盆子也是如此，它的糖果常常是蓝色的（为了从视觉上和红色莓果区分开），而我们没有质疑这个颜色。香蕉也一样。香蕉糖果和这种新鲜的热带水果相去甚远，但是我们这些消费者已经认为它们的味道是相同的。

现在化学味道对啤酒影响很大。啤酒行业建立在传统、优质和纯净原料的基础上，现在人们却渐渐认为化学味道是可以接受的。西瓜味小麦啤酒的酿酒师可能只是象征性地扔进去一些水果，再向发酵槽里加入大量调味糖浆。葡萄柚味的印度淡色麦芽啤酒会继续畅销下去，这多亏有些啤酒花品种里天然带有柑橘类的味道。但为了不让你们认为大型酿酒厂的酿酒师们会坐在那里切葡萄柚，再捣成糊状，现实里大多数酿酒厂都加入了葡萄柚调味粉，有时跟弗林斯通牌（Flintstones）的维生素片里加的调味粉一样。十年前，很难在精酿啤酒年度大会上见到调味公司的人，酿酒师们在这个大会上购买设备，参加培训研讨会。而现在，数十家调味公司来到年度大会上，宣传他们调出的味道，从“生日蛋糕”到“黑樱桃”，再到“肉桂”。

从某种程度上来说，看到酿酒师朝着这些调味公司蜂拥而至是令人沮丧的，要知道，几个世纪以来的酿酒过程正在被相同的味道毁掉，这类风味让伏特加变得愚蠢，让咖啡喝起来像甜甜圈或者加了盐的焦糖。这也是时代的标志。如果酿酒师能靠卖快乐杏仁风味的金色麦芽啤酒赚钱，一直经营下去，有什么坏处呢？有些顾客可能更喜欢啤酒味道和相邻通道货架上的水果糖味道相似，他们为这样的顾客提供了味道强烈的、啤酒花味的双倍印度淡色麦芽啤酒。

并不是说长年坚守的啤酒爱好者不喜欢这些特殊的风味。在这个行业工作了很久的酿酒师用啤酒风味试验，创造出尝着像其他东西味道的配方。我见过有的啤酒风味喝起来像德国巧克力蛋糕、酸橙馅饼、面包沙拉[1]（面包和西红柿）、熏牛肉三明治，甚至像古典鸡尾酒或血腥玛丽鸡尾酒。最终，好奇心为我们带来更好的啤酒，品尝这些啤酒不仅能带来感官上的趣味体验，还能唤起关于最喜爱的食物的休眠记忆。有一次我喝了用焦糖麦芽和杏仁提取物制作的啤酒，让我想起我们当地中餐馆里的饭后饼干。我很多年没有吃过这种甜食了，那啤酒的味道意外地把我引回家庭聚会的记忆。

酿酒师们说，关键之一在于，无论是用什么原料、添加哪些调味剂、酿酒师本人是否满怀敬意，最后生产出来的东西喝起来应该仍然是啤酒的味道。创造不同的东西使我们偏离了酿酒的真正精神，而创造出来的只不过是调味麦芽饮料（Flavored Malt Beverage，缩写为 FMB），就像推斯特茶的饮料，或柠檬水烈酒。要么喜欢它们，要么走开，这些产品永远不该被当作啤酒，因为它们不是啤酒。

另一个关键问题是，对于有些风味，无论一部分人是多么热爱它们，总有另一部分人完全不喜欢。比如我自己就憎恶摩萨克啤酒花。我知道它的味道对我来说是什么样的，喝酒时我可不愿意尝到养猫的盒子那种味道。我嫉妒那些喜欢用摩萨克啤酒花酿的啤酒的人（主要因为现在这样的人太多了），还有那些熟悉菠萝味和其他热带水果味道的人。这种啤酒花很流行，

[1] 面包沙拉（panzanella）：意大利的传统沙拉，用西红柿和面包制作而成。——编者注

尤其是在较新的、以印度淡色麦芽啤酒为主的酿酒厂里。为了兴趣参观某些酿酒厂时，我常常不得不彻底避开啤酒花的风格，要不就是挨个儿品尝，直到找到一批酒中（对我来说）最不讨厌的一种。

还有一些极端的啤酒风味，有些人可能喜欢，其他人则不喜欢。7 月末或 8 月初开始，南瓜风味的啤酒就会出现在货架上。我知道有些人很喜爱让我们觉得是"南瓜"味道的香料混合物：肉豆蔻、肉桂、丁香和多香果。他们喜爱那种温暖或热情诱人的香气。这种味道能召唤大脑想起感恩节的甜点，想起寒冷时节里裹着温暖的毯子待在屋内。但你是否知道，除了馅饼外，啤酒在很大程度上促进了这些味道的扩张，并且让你们喝的拿铁里也出现了这些味道。1985 年，比尔·欧文斯（Bill Owens）发布了一种南瓜味麦芽酒，他是加利福尼亚州水牛比尔酿酒厂（Buffalo Bill's Brewery）的创办人。当年这种用真正的南瓜和香料酿造的酒一举走红，（你不会真的以为现在那些夏季啤酒里用了新鲜的南瓜瓤吧？）现在仍在生产这种酒。其他酿酒厂纷纷效仿，包括角鲨头酿酒厂，他们 1995 年也生产了南瓜味的啤酒。最近，似乎美国的所有酿酒厂都制造了至少一种南瓜味啤酒，有的酒厂，比如福地酿酒厂（Elysian Brewing），每年至少生产十几种。星巴克在甜点的调味混合物方面名气最大，却直到 2003 年才有了南瓜味的拿铁。

我热爱烘焙食品，但我不喜欢这些香料混合在一起的味道。此外，每年生产这么多南瓜味的啤酒，实质上却都只是笨拙地在麦芽浆里成袋地倒入香料，模仿南瓜的味道。我曾公开表达（且支持）这一观点——应该把所有的南瓜啤酒都收集起来，大堆地放在一起，一把火烧掉。

我这样说的时候,总会有人让我尝试新的品种。我答应了,因为这是正确的。到目前为止，唯一我能基本忍受的南瓜味啤酒是 10 月底或 11 月初生产的,用了真正的南瓜作为主要原料,而不是添加香料的啤酒。可惜的是，这样的啤酒少之又少。它们的配方更为微妙，南瓜香料拿铁的狂热爱好者不会喜欢这种配方，他们不仅赞美南瓜味的咖啡，还会购买同样味道的奥利奥饼干和唇膏。

我永远不会嫉妒那些真正热爱某样东西的人,即使我没有。这是一句很好的人生格言，也是接近啤酒的好方法，因为并不是所有人都能接受和喜欢任何一种啤酒风格。很久以前我就明白，有些啤酒风格我无法喜欢，比如，比利时三料啤酒和四料啤酒。有的酵母酯充满了水果味和香料味，还有的酵母酯会产生较高的酒精含量（Alcohol By Volume，ABV，用百分比表示）以及强烈的碳酸化作用,着实不合我的口味。从专业角度来说,我理解它们的味道和制作过程，但如果有机会在啤酒大赛上当评委，这些啤酒出现时我会恳求免去评委的职位，除非有其他选择。在这种情况下，我会诚实地评价啤酒，不会受我个人喜好偏见的影响。这样一来，我就需要比给那些我喜欢的啤酒当评委花费更多的精力，而且我总是向其他评委坦白我的来历。

从很多方面来看，强迫去思考、欣赏这些啤酒让我成了一个思想更为开明的酒徒，也让我接触到了新的风味。同样，我想鼓励你们多尝试几种不喜欢的味道。我们的口味选择一直在变化，很多美妙的啤酒风味其实是后天养成的喜好。

有时，需要分辨出怪风味，你要相信周围的人。前面我提到过双乙酰，这种化学物质的味道像电影院里的爆米花。我其实并不能接受这种味道。有些人对这种味道非常敏感，即使只有一点点微弱的气味，他们也能感觉出来。其他人则只是在平常喝啤酒的过程中才发现这种味道。对于我，除非哪种啤酒里充满了这种化学物质，我的意思是，它的含量高到极点，敏感的人在房间另一头都能闻到，不然我不会注意到它。我的感觉器官并非天生如此，我尝试过，但是却对氧化反应和乙醛很敏感，即青苹果的味道。我很快就能觉察这些气味。要记住，对于有些味道，我们大家的感觉都很相似，但每个人也有各自的怪癖，这一点很重要。时间、大量品尝、学习和品鉴的意愿，会让我们每个人发现自己喜欢和不喜欢的东西，以及个中缘由。

谈论这个话题时，网络上有一些令人特别沮丧的评论，尤其是在点评类网站上。有的啤酒味道明显不新鲜，有的啤酒商标上写着啤酒花印度淡色麦芽啤酒，却没有任何啤酒花香气或风味。给这些啤酒打低分是一回事，然而，因为自己只喜欢烈啤酒就给酿造得很好的科尔什啤酒（Kölsch）打低分，这是另一回事。如果你仔细观察，会发现这种事情频繁发生。还有人评论经典的淡色麦芽啤酒不如风格更现代的新英格兰啤酒。我品尝和评价啤酒时，总是遵守这样一个原则：每种啤酒都有自己的领地。我为杂志写评论时，从来没想过把两种啤酒对立比较，而是讨论它们各自的优点和缺陷。消费者在网络上打分评价也应该这样，而不是让个人偏见蒙蔽了对本来很好的啤酒的判断。

现在在某些啤酒圈子里待上一段时间，就会听到有人提到这些词：臭虫、霉臭、酵母臭（来自酒香酵母的臭味）、苦臭、酸涩。这是在谈论野生啤酒（wild beers）。野生啤酒是总称（经常和发酵啤酒同时合用），它已经引起了诸多关注。

野生啤酒越来越受欢迎，很多人推测它会像印度淡色麦芽啤酒一样成为下一个被追捧的对象。但由于野生啤酒在很大程度上被人误解了，它很极端，与众不同，所以其他啤酒中的缺陷在野生啤酒的酸味里就成了受欢迎的特点。同样地，啤酒花啤酒在现代啤酒运动开端时属于非常极端的啤酒，现在的酸啤酒就像当时的啤酒花啤酒。还有一个相同之处，正如曾经每家酿酒厂迅速地欣然接受啤酒花那样，现在几乎每家酒厂都会提供至少一种酸啤酒。有些酿酒厂的酸啤酒项目极其密集，他们不得不把酒单分为“野生啤酒”和“清啤酒”。每当酒单上添加了新成员，就有机会试验并且了解得更多，有机会明白是什么使酸啤酒成为酸啤酒。

用现代啤酒术语来说，“酸”通常意味着“酸性的”。很简单，酸啤酒和普通的麦芽啤酒、窖藏啤酒最大的区别就是酸碱度值，或者说含有多少酸性物质。大多数啤酒的酸碱度值都在4以下。

酸啤酒更偏酸性，酸碱度值可能低于中间值 3。另外一个区别则不太明显，酸碱度值的每一位小数点表示 10 倍的酸度变化。

酸啤酒的起点和其他所有啤酒一样，用的原料也相同（水、麦芽、啤酒花和酵母）。使啤酒变酸的是最后加入的微生物。大多数酸啤酒用的酵母菌株是酒香酵母，它被描述成像“谷仓空地”，或更具体地，像“马的鞍褥”。这种描述虽然不大可能会使人产生食欲，但并非不准确。除了这些泥土味的特点，酒香酵母还会产生辛辣胡椒味，甚至热带水果味，这两种味道都会使啤酒具有真正的味道特点。继酵母之后，乳酸杆菌和片球菌这两种细菌的加入增加了啤酒最终的酸度，使它成为合格的“酸啤酒”。细菌一般在陈放过程中注入，往往是在酒桶放置了很长一段时间之后。有趣的是，最近发现，有些野酵母的菌株在发酵过程中会产生乳酸杆菌。如果这些酵母能得到广泛使用，它们酿造的酒就会大大改变酸啤酒的风味。

帕特里克·鲁（Patrick Rue）几年前告诉我：“一般来说，酿造啤酒需要三十五天。”他是加利福尼亚州酿酒厂（The Bruery）的创建人。他的酸啤酒中至少有一种是在大桶里发酵两个月，然后转存在小一些的酒桶里，装瓶之前陈放十六个月的。

酸啤酒最常见的风味有兰比克啤酒（lambics，有水果味和不加水果味两种）、柏林小麦白啤酒（Berliner weisse，有酸奶的特征）、弗兰德斯红啤酒（Flanders red，带有核果的香气和风味）和棕色陈酿啤酒[1]（oud bruin，经常呈现香膏的气味）。大多数酸啤酒的苦度其实比较低，酸度中和了麦芽的甜味，口感常常很干。酿酒师把时间较久的酒和时间短的酒混合起来，以得到一种更美味的平衡口感，这很常见。兰比克啤酒经常就是这样被制造出来的，其他啤酒也会如此，包括弗兰德斯红啤酒和棕色陈酿啤酒。

想随意喝啤酒的人一开始不会尝试酸啤酒这种风味，但一些有着丰富品酒经验的人则能懂得欣赏酸啤酒的魅力，尤其是那些倾向于喜欢传统甜葡萄酒的人，比如雷司令或麝香葡萄酒。也许酸啤酒对于这些葡萄酒爱好者的吸引力来自酵母所呈现的水果风味，或其干燥的余味、酸性、陈酿的能力，还可能是因为它可以和很多种奶酪搭配。

大部分酿酒厂都有酸啤酒的工程，但这并不是说所有的酸啤酒都值得品尝。很多酒厂仍然在探索。已经被人们认可的酿酒厂和那些极富酿造天分、知道如何处理缺陷的人，在美国，这些酿酒厂有缅因州的阿拉加什酿酒厂（Allagash Brewing）、加利福尼亚州的俄罗斯河酿酒公司（Russian River Brewing Company）、得克萨斯州的小丑之王（Jester King）、俄勒冈的佳酿酒厂（De Garde Brewing）、密歇根州的欢乐南瓜手工麦芽啤酒（Jolly Pumpkin Artisan Ales）、佛蒙特州的山坡农场（Hill

[1] 弗兰德斯红啤酒和棕色陈酿啤酒都是麦芽啤酒，棕色陈酿啤酒又叫弗兰德斯棕色啤酒（Flanders brown）。——译者注

Farmstead)、科罗拉多州的黑色计划（Black Project)、田纳西州的亚祖河酿酒公司（Yazoo Brewing Company)，它们正在制造稀有的、广受欢迎的酸啤酒。稀有是因为它们需要较长的陈酿时间，这就意味着酿酒商经常无法向大众市场大量发售特殊啤酒,尤其是因为他们需要为其他流通更快的啤酒提供产品空间，比如烈啤酒、窖藏啤酒和印度淡色麦芽啤酒。近来有些酿酒厂开始把酿造空间甚至整个酒厂都用来制作酸啤酒。

"这个名字不是特别好，没有吸引力。'酸'称不上是一个有魅力的词，"迈克尔·唐斯迈尔（Michael Tonsmeire）对我说［他是《美国酸啤酒：混合发酵的创新技术》(*American Sour Beers: Innovative Techniques for Mixed Fermentations*）的作者］，不过，"如果你喜欢水果馅饼和新鲜的东西，有些酸啤酒就非常平易近人"。类似于我们应该如何使用特定的词语描述印度淡色麦芽啤酒,而不仅仅是"啤酒花味"或者"苦味"。遇到这些"酸"啤酒时，请记住迈克尔的观察发现。喝的时候，试试你能否辨认出它所提供的各种风味和香气。经常要多试喝几次（或喝的时间长一些）才能渐渐辨别出细微差别。

最后，说到啤酒，你想喝什么就喝什么。要了解你自己和你的口味。如果你不喜欢巧克力甜点，最好远离巧克力风味的黑啤酒。如果早餐时喜欢吃燕麦圈，你可以去试试浅色窖藏啤酒（helles lager)。如果你喜欢全麦饼干的天然甜味，可以喝一喝柏林小麦白啤酒。不管怎样，不要停止探索，不要停止尝试新的啤酒。啤酒的风味无穷无尽,尽管不可能喜欢所有的风味，也要做到避免一成不变。多一点点冒险，就能有新发现和新的激情。每次尝试和评价一种新的啤酒，都能使你成为更强大的酒徒，既能赞美酿酒的胜利，也能发现酒里的瑕疵。你在啤酒世界里的探索不仅能让传统保持活力，还能鼓励试验发展。这正是驱使啤酒前进的动力。

第四章　如何畅享啤酒

就像在餐厅的桌子之间竖起了无形的隔栏那样，酒吧的啤酒龙头旁、商店的通道里、社交聚会上，饮料界长期以来存在着界线。一边是喝啤酒的人，另一边是喝葡萄酒的人。从一边换至另一边，很不寻常，几乎没有听说过。然后千禧一代来了，随之而来的是他们跨界线喝酒的观念。从前，人们如果喜欢整夜喝啤酒（或葡萄酒），从来不会改变他们最初的选择，而跨界线喝酒的人则灵活得多：他们的晚上可能从喝鸡尾酒开始，然后喝啤酒，接着晚餐时又换成葡萄酒，最后再以烈性苹果酒结束这个夜晚。烈酒公司为这种行为而哀叹，因为这些人对品牌没有忠诚度，继而可能造成销量降低。然而，这个时代选择丰富，我认为这是好事。尽管我自己不是千禧一代的人，但我完全赞成他们的方式。

尝试新的葡萄酒、烈酒或鸡尾酒，能学到很多。跨界线喝酒真正的好处在于，帮助还没有完全接受啤酒的社会正常理解啤酒。尽管长久以来人们都认为啤酒是次要的饮料，但它现在已经有了平等的竞技场。这很大程度上是因为小型酿酒厂比以前多，它们生产的啤酒比以前的啤酒质量更好。还有一个原因是啤酒供应的方式和地点。啤酒不是葡萄酒，也不应该想变成葡萄酒。当然，葡萄酒长久不衰地占据社交主导地位，品酒行家密切关注着它的细节，酿酒师和酒徒能从中学到一些东西。这些品质赋予了葡萄酒尊贵、精密的声誉，甚至在喝第一口之前，你就已经有了这样的印象。

购买啤酒的决定，以及买哪种啤酒，都是在我们的大脑深处产生的。只要在酒吧或酿酒厂待上一段时间，你就会形成习惯，渴望喝到某个品牌、某种风格的啤酒，或者某种你深知它能放松情绪、缓解忧伤，甚至安抚灵魂的啤酒。

啤酒制造者除了啤酒的酿造过程外，在其他方面也投入了大量的精力，寻求引诱顾客的方式。他们确实会在杂志上投放传统的广告，但也会通过其他和啤酒本身毫无关系，无法具体去感知的东西来吸引你。如果要为一款特殊的啤酒做设计，我会思考所有方面，从杯垫上的商标图形，到酒吧里啤酒龙头把手的形状和广告牌式的广告，甚至包括你们喝酒时手里拿的杯子。

每一次点啤酒时，我们认为自己做出了理智的选择，但其实很大程度上选择的原因隐藏得很深，也很复杂，可能是喝啤酒的职业生涯的顶点，可能是你的情绪，想喝的口味，你寻求的清爽提神的啤酒（如炎炎夏日午后的窖藏啤酒；冬日屋外暴风雪咆哮，火炉边的一杯大麦酒）。原因可能来自你想尝试新事物的好奇心，或者仅仅是知道自己想要喝哪种风味。

我们点啤酒时不管是特定的啤酒还是笼统的风味，总有一些东西促使我们做出这样的选择。促使我们的可能是一种熟悉的啤酒，可能是我们在广告里见过的啤酒，也可能是哪种啤酒标签上的描述很诱人，又或者酒单上对它的描述很精彩。因为我们对自己的个人品味和喜好了解得更多，我们会根据单独某种原料来决定，也会找到符合我们情绪或适合配餐的啤酒。接下来的逻辑步骤就是鼓励自己离开舒适区，回归我们曾经忽略或放弃的风格，试试它能否令我们陶醉。这一点上，我们可以成为引领的人，不只鼓励自己，还鼓励其他人探索新的风格，尝试不同色泽、成分古怪的啤酒。如果点的啤酒能让我们真心地兴奋激动，无论是什么风格的啤酒，无论是谁酿的酒，我们整体上喝酒的体验都将更加愉快舒畅。

作家兰迪·穆沙（Randy Mosher）曾提醒我："对品牌的偏好来自个人的经历、同辈压力、社交野心、冷静的感受、广告、熟悉程度、包装、社交媒体，还有很多除了理智以外的其他影响因素。这些影响都被充分研究过了。作为一个喝酒的人，应该明白这个事实，因为我们当中的大多数人把自己和新体验隔绝了，由于日积月累的偏见和先入为主的观点而无法欣赏已有的体验。"还记得我在这本书的引言里提到的电视剧《神探夏洛克》里说的"思想圣殿"吗？在这座圣殿里，福尔摩斯从心理上获取他储存在大脑里的信息。我还说到希望你们能创造"思想酒馆"，一个完美的、属于你的喝酒之地。现在，请进入你的思想酒馆，点一杯啤酒。也许这杯酒是从当地酒吧的酒保手里滑过吧台，来到你的手上；也许你坐在朋友家的前廊上喝到了这杯酒，或者在自家厨房里给自己倒了一杯酒，无论在哪种情景下，你端起一杯刚刚倒出的啤酒之前，都会有一个有趣的期待瞬间。想象它的画面。是否看到碳酸化作用的气体升起，冒出一圈泡沫？液体是什么颜色，是清澈还是浑浊？你想象的这杯啤酒：你的味觉记忆（风味辨识的花哨术语）是否已经揭示出了你所记得的它的味道？

现在，请告诉我啤酒的杯子。不是杯中的液体，是容器本身。合适的玻璃器皿和它盛放的液体同样重要，但常常被忽视，尤其是在美国，杯子是喝酒事后才会考虑的。

啤酒主要以三种方式来到我们面前：酒桶装的散装啤酒、瓶装的和易拉罐装的。在某些情况下，直接从瓶子里或易拉罐里喝啤酒没问题，比如在运动赛场边，或者一些社交场合。玻璃器皿不常见，也不实际。而有些啤酒甚至设计出用易拉罐盛放会更好喝的味道，比如新英格兰印度淡色麦芽啤酒，它的液体浑浊，啤酒花味冲在前面，代表了捣成糊状的汁液味道，这表示它显然含有酵母糊浆、啤酒花残余物，甚至加了面粉，才有了这种口感，这种味道的啤酒直接从易拉罐中饮用更好喝(这种风味的啤酒几乎在全世界都是易拉罐装)。但从审美上来说，它的液体并不好看。佛蒙特州的斯托出产的炼金士啤酒是这种风格的先锋，它在“陶醉的礼帽”这款啤酒的易拉罐顶端特意标注了“从易拉罐里喝”的说明。

但无论何时，只要能做到，还是用玻璃杯喝最好。而且只要有可能，应该选择合适的玻璃杯。美国人迷恋美式品脱杯。这种杯子通常容量是 16 盎司，圆柱形。但做工粗糙，任何卖生啤酒的地方都能看到它。我们熟悉美式品脱杯，就像我们已经接受了平淡无味，总是令人失望的飞机餐一样。这种杯子只要不漏，就已经够好了。

这并不是说它对杯子里的啤酒足够好。

酒吧老板喜欢美式品脱杯，因为它们能堆叠存放在吧台后面，那里的空间寸土寸金。它们的耐用度足以承受供应短缺时的状况，既能装啤酒，也能盛苏打水和白水。它们的设计原本是为了适用于波士顿金属摇酒杯，使得品脱玻璃杯正好可以用来搅拌鸡尾酒。

然而，这种玻璃杯也有缺点，它会妨碍人们品尝啤酒。酿酒师把啤酒投放到市场上时，希望它能够以最佳的品质被送达到消费者的味蕾。但是，从低于理想的温度变化到生产和消费之间的时间间隔太长。在酿造和运输之间可能会出现很多问题。常常在最后一步，啤酒倒入杯中的那一刻都会出岔子。

当品尝啤酒时，香气对于完整的体验最为重要，而嗅觉却时常得不到它应有的机会。在美国，当我们点一品脱啤酒时，我们想要 16 盎司，因为这是我们习惯的容量。我们付钱买的就是这个容量的啤酒。我敢打赌说，如果酒杯的顶端留出空间让香气恰当地挥发出来，肯定会有人大大抱怨一番：不要这样，我们希望酒满到杯子顶端，晃洒出来一点没关系，因为这证明了我们没有被骗。

现在，试试从满溢的啤酒里嗅到一丝香气。凑近鼻子。哎呀！然后，你的鼻子沾湿了。

虽然我认为每种啤酒在被创造出来时的品质是相同的，都应该用恰当的嗅觉仪式去品尝，但我们知道这不是真的。一杯倒得满满的百威或喜力不用大惊小怪或闻一闻，很有可能因为我们已经喝过上百次了，我们知道喝的是什么，只是想喝而已，不必专门体验它。然而，对于以香气为主的啤酒，比如印度淡色麦芽啤酒、塞森啤酒、大麦酒，或者任何添加了风味的原料啤酒，在杯子的顶部加入一些能增加风味空间的配料是很重要的。

对于葡萄酒行业里一瓶酒的价格，你可以笃定地认为，他们花了时间和心思来确保你用的杯子适合这种酒。上乘的葡萄酒被视为奢侈品，如果用红色的一次性塑料杯喝葡萄酒，它的诱惑力就会消失。类似地，为了全面品鉴啤酒，外观、香气、味道，你需要正确的玻璃杯。近年来，一些高端葡萄酒和烈酒背后的玻璃器皿公司已经纷纷进军啤酒领域，将啤酒玻璃杯加入他们的产品目录里。通常它们是用高品质的玻璃制作的，更薄（为了控制温度），其中很多都是茎状高脚杯，就像葡萄酒杯那样。

啤酒效仿了葡萄酒的饮用方式，现在已经出现了很多专门为特定风格的啤酒设计的杯子。激起最多议论的是几年前出现的一款专门喝印度淡色麦芽啤酒的玻璃杯，是由德国施皮格劳公司（Spiegelau）生产制造的，内华达山脉酿酒公司和角鲨头精酿麦芽啤酒公司都参与了投资。从那时起，施皮格劳又和其他酿酒厂合作，生产了烈啤酒、桶陈啤酒、小麦啤酒和窖藏啤酒专用的玻璃杯。尽管为啤酒购买专用的玻璃杯看起来似乎有些奢侈，作为盲品过啤酒、做过温度测试的人，我确信质量好的玻璃杯会带来更好的饮酒体验。另外，我确实非常欣赏玻璃容器自身的美。当然这不是给施皮格劳做广告，还有其他公司也加入了啤酒杯的领域，比如路易吉・波米奥尼（Luigi

Bormioli）公司和利比（Libbey）公司（常用美式品脱杯的最大制造商）。

酿酒厂比酒吧里更常见到特定风格的玻璃杯。如果你拿到了啤酒专用的玻璃杯（这里我们只说印度淡色麦芽啤酒的玻璃杯），可能你首先注意到的是玻璃非常薄。这是专门设计的。薄玻璃杯能让你的啤酒更凉爽，香气更清新。我知道对于相信科学的读者来说，这种做法是有道理的，但如果你像我一样为此感到惊讶，请继续读下去。

美式品脱杯的玻璃厚度约 1 厘米。施皮格劳玻璃杯的厚度是它的一半。薄，决定了一切。回想一下你上次在酒吧里用品脱杯喝啤酒的情景，当你喝到一半时，杯子摸起来已经是温暖的了。较厚的玻璃不但吸收了身体的热量，还把啤酒里的寒气也带走了。这两种变化导致啤酒温度升高得更快，最终毁了香气和风味。较薄的玻璃只带走少许啤酒的低温，从而使啤酒保持更长时间的凉爽，因此也更接近酿酒师的本意。

薄玻璃杯还能让我们更清楚地观察啤酒。把美式品脱杯和薄的印度淡色麦芽啤酒杯并排放在一起，你会发现专门设计的啤酒杯能让人更好地观察其中的碳酸化作用、颜色和其他美好的视觉细节。

就像从老的标准管电视换成了高清屏幕电视，一旦注意到了差别，就很难再用旧的东西。就像用高脚玻璃杯喝葡萄酒和用果冻罐子喝葡萄酒的差别。

啤酒专用的玻璃器皿提供了几种额外的好处，以增强饮酒体验。印度淡色麦芽啤酒杯底座有螺纹，端起酒杯时会使啤酒晃动，释放出更多的香气。底座上方的碗形结构将香气汇聚起来，并将其释放给嗅觉器官，给饮酒者一种更深层次的体验。杯子顶部较小的开口使嗅觉体验更强烈（通常直径为 2.75 英寸[1]，而美式品脱杯杯口直径为 3.5 英寸）。将印度淡色麦芽啤酒杯放在唇边，倾斜杯身，另一侧的边缘触碰到鼻尖，形成一个封闭的区域。相比之下，品脱杯则会碰到你的额头或者眉间，其宽阔的开口意味着香气有更大的空间散逸。如果你的脑袋向后倾斜得多，啤酒很容易洒出来。是的，我承认，这一切听起来太挑剔，但我认为这是对待酒的正确方式，酿造酒需要谨慎的态度和旺盛的精力。用合适的玻璃杯来品酒使得各个感官层面上的体验均有增强，把你喝到的酒提高到更特殊的水平。

对于特定玻璃容器的偏好和品味一样，都是相当个人化的。在家里，你可能有偏爱的杯子，它不会给啤酒带来任何加分项，但能让你想起某个特殊的人或地方。它也许是你从大学酒吧里偷偷顺走的品脱杯，也许是你祖父用过的啤酒杯，或者很久以前参加啤酒节时带回来的奇形怪状的玻璃杯。如果用这只杯子喝啤酒能带给你最大的喜悦，那么请尽情使用它吧。

不过，一般来说，我觉得如果你用辛苦赚来的钱买了好啤酒，它应该配上好的玻璃杯。新的玻璃杯也许不是我们习惯用的粗糙杯子，但它们比你想象中更耐用。虽然所有的玻璃容器

---

[1] 英美制长度单位，1 英寸≈25.9 毫米。——编者注

都容易出现缺口、裂缝或摔个粉碎，但更薄的玻璃杯能轻而易举地胜任在家喝酒的活动，以及庆祝时的碰杯。当然，如果你点的啤酒是用有缺口或裂缝的杯子端上来的，你应该马上把它退回去，我们的身体无法对付玻璃。

在家时，我一般使用仔细清洗过的、干净的郁金香杯。这种高脚杯很像和它同名的花的球茎，中间膨鼓，顶部逐渐变尖，底端凹陷。我家的橱柜里现在还摆满了品脱杯（我和我的妻子甚至从中选了一些作为婚礼的回礼），不过我们经常用品脱杯喝气泡水。我经常用的郁金香杯能装 12 盎司的液体，但有一个 10 盎司的标记，一般我会倒至标记的地方。之后随时可以从瓶子或易拉罐里给杯中添加啤酒。但有了这个标记，我就能确保啤酒表面的泡沫和杯口之间有足够的空间。这是有作用的，它好看，也适合各种风格的啤酒，无论是维也纳窖藏啤酒还是帝国烈啤酒。而且，它也不贵。总的来说，这样喝啤酒体验更好。

美式品脱杯不只是啤酒的载体，也是市场营销的工具。试着把品脱杯想象成一块广告牌。我们在路边每天都能看到：同样的基本形状，通常被摆放得很高，传递着不同的信息。即使高端啤酒吧在崛起，人们仍然很难找到美国哪家喝酒的地方不用美式品脱杯。酿酒厂知道这一点，虽然他们对上酒的方式很挑剔，不会在自家酒厂的酒吧间里用品脱杯，但涉及商标图案里的杯子造型，他们毫不害羞地使用货真价实的品脱杯。下次出门时，你可以留心四处看看，就会看到各式各样的商标（不只是啤酒和酿酒厂的商标，还有运动用品经销商、餐馆、慈善活动，任何你能想象出来的，企业为了吸引观众而制作的商标）。有时，酿酒厂品牌的美式品脱杯是促销活动的一部分（州法律允许的情况下）：点一品脱啤酒，送一只杯子。

即使违反了第七诫[1]，这些带商标的杯子仍然经常能进入我们的手提包、大衣口袋和公文包，通常发生在喝了几轮之后控制力下降时。这种行为是被政府禁止的，但大多数酿酒厂一般不会因为小偷而感到烦扰。这是潜意识的想法。比如，一只印着"创始人酿酒公司"（Founders Brewing Company）的品脱杯从酒吧被带到了你的厨房里，成为你日常喝各种饮料的容器。从早晨的橙汁和牛奶到晚上的冰茶或苏打水，你会一次又一次地看到这个商标。所以当你下次去酒吧或餐馆时，见到了创始人酿酒公司的啤酒龙头，很可能会被它吸引。这种做法很聪明，不是吗?

我澄清一下，我并不赞成偷窃行为，只不过我问过一个酒保，顾客出门时顺走了酒杯是不是没有罪恶感。但我也要承认，在这个问题上我并非没有罪过。大学毕业后的第一间公寓里，就放满了被偷来的杯子。在此，我向所有被我偷过杯子的酒吧诚恳道歉。

在欧洲一些地方旅行时，尽管你仍然会见到带有商标的玻璃容器，但品脱杯比较少见。以比利时和德国为例，这两个国

---

[1]《圣经》中的十诫，包括犹太教、圣公会及更正宗、东正教、天主教及新教的四个版本，戒律顺序略有不同，其中只有天主教及新教的第七诫是"不可偷盗"。——译者注

家的酿酒厂更倾向于制造自己的玻璃容器，酒厂独有的形状，酒馆也喜欢制造自己的杯子，但其实他们使用带有商标的玻璃杯。这些国际化的酿酒厂生产有自己标志的杯子，从悠久、未经干扰中断的啤酒制造历史中获益良多（不像美国），他们很早就意识到了，带标志的玻璃杯能让更多人看到他们，能卖出更多的啤酒。

奥瓦尔（Orval）是个经典的例子。它是奥瓦尔啤酒屋的同名啤酒，这家修道院酿酒厂位于比利时的高默（Gaume）地区，在比法边界上。他们生产的比利时淡色麦芽啤酒是明亮的琥珀色，有持久而蓬松的白色泡沫。由于酒香酵母的存在，这种啤酒的口感辛辣，带有泥土味。其中还有陈年啤酒花所带来的干草和轻微的柑橘味，整体口感偏干。它可以在货架上存放五年，存放期间如果放入地窖，它还会微妙地持续陈酿的过程。在那之后，它的味道会大幅减弱。奥瓦尔啤酒之所以在全球广受欢迎，主要归功于迈克尔·杰克逊（Michael Jackson，啤酒作家），他在二十世纪七十年代至八十年代，向自己遍布全世界的读者介绍了这款在当时属于相对产量少、不出名的啤酒。用标志性的杯子喝奥瓦尔啤酒最好，最好第一次喝的时候能选择一个地方，细细地端详、品尝，享受每一口酒。这种啤酒启发了几代人的灵感，因为它天生引人注意，经常位列于一些酿酒师的个人最爱啤酒榜单的最前列。如果你从来没喝过奥瓦尔，现在就放下书，去买一瓶奥瓦尔啤酒，然后再回来。实际上，你喝一次和喝一千次是一样的。至于其他内容我们可以留待以后再讨论。

奥瓦尔啤酒杯形状特殊，多年来都由它自己的酿酒厂生产。杯身形状是宽阔的圆锥形，杯口边缘是银色，下面是实体玻璃柱和底座。“奥瓦尔”几个黑色字母用银色钩边，字体很大，25 英尺外都能看得见。有些杯子的圆锥形杯身上还有酿酒厂的商标，一条向上翘起的鱼衔着一只戒指，上面顶着一颗蓝钻，瞬间就能辨认出来。

喝啤酒的人喜欢争论奥瓦尔啤酒杯的圆锥状是不是真的能增强啤酒的香气和风味，或者是否会像有些现代玻璃杯那样，让啤酒显得更好看。欧洲的酿酒厂拒绝那些失控的怀疑论者。总之，用专门的玻璃杯喝特定的啤酒更像是一种无形的、感觉上的享受，让我们觉得与杯中的液体更亲近了。

不只是特定的酿酒厂才有特殊的玻璃容器，还有一些玻璃容器是为了配合某种风格而制作的。在德国的科隆，有一款叫作科尔什的当地啤酒，城市里各处的酒吧都使用像试管一样、圆杆形状的玻璃杯喝科尔什。这种杯子的容量是 200 毫升，或 7 盎司以下。点一杯科尔什，一旦你喝完手里的酒，侍者就会不停地给你端来满杯的酒，直到你说“够了，谢谢”。小麦啤酒，比如酵母小麦啤酒，常常会用 23 毫升、花瓶形状的玻璃杯盛放。有时也用靴子形状的玻璃杯，不过那只是为了视觉效果，让他们的照片墙（instagram）显得更好看。喝小麦啤酒的花瓶玻璃杯常常嵌一片柠檬作为装饰。用专门的玻璃杯时，你喝的啤酒不仅向其他顾客传递了信号，玻璃杯的形状还创造了群体的氛围。而美式品脱杯则不能引发这种氛围效果，因为它表示大家喝的是相同的啤酒。

美国后禁酒运动时期，酿酒厂的合并和适合所有人的啤酒留下的持久问题之一是全体通用的杯子。然而，随着现代啤酒运动和小型酿酒厂的崛起，小批量的玻璃容器也随之诞生。这些玻璃杯通常由手工匠人生产，有专门的用途，比如酿酒厂周年庆祝或特殊啤酒上市。其中一个特别受欢迎的是纳什维尔的亚祖河酿酒公司生产的黑色、大底座的白兰地杯，杯子上描绘着金色太阳，它的火焰围成一个圆圈。这款杯子用来纪念2017年的日全食，只制作了一百只，很快就卖完了。

美国的酿酒厂长期致力于让自己的玻璃杯脱颖而出。比如马修·卡明思（Matthew Cummings），他是诺克斯维尔（Knoxville）浮夸啤酒公司（Pretentious Beer Co.）的老板兼酿酒师，还是吹制玻璃的艺术大师，他为自己的酒吧和在线商店创造了特色的玻璃杯。塞缪尔·亚当斯几年前创造了一种叫作“完美品脱杯”的杯子，用来喝他们生产的波士顿窖藏啤酒。它的形状略微有点儿像沙漏，上面宽大，呈碗状，下方杯脚是凹面的。外翻的杯口更方便喝酒，杯子底部激光蚀刻的成核点能汇集碳酸化作用的气体并形成稳定的气流，上升到顶部，这样能增强啤酒的香气和风味。这个概念很好，需要很多科学知识和人体工程学知识的支撑。这种杯子在某些地方流行过一段时间。自从2007年面市以来，由于酿酒厂的强力推广，使它进入大型连锁渠道，在这些地方无处不见，如苹果蜂餐厅（Applebee）。现在很少在酒吧里见到这种杯子（可能除了在登记注册的地方），但在酿酒厂的电视广告和印刷广告上仍然能见到它。参观塞缪尔·亚当斯的试验酒厂和波士顿的品酒室时，仍然能用这种杯子喝酒（当然，这些地方的礼品商店里会售卖这种杯子）。十年后，它在公众眼里是一只能立刻被辨认出来的杯子。不过，尽管市场营销力度很大，吉姆·科赫在多次采访中也说过他们花了数十万美元来研发这款杯子，但它仍然没有被普遍使用，可见美式品脱杯的影响力是如此强大而持久。

然而，有些酿酒商因为有了玻璃容器而获得了更多的美国消费者。时代啤酒（Stella Artois）的酒厂建立在比利时，归百威英博所有，几年前进入美国市场时的广告宣传颇为引人注目。广告里植入了全国各地酒吧里带有品牌名称的啤酒龙头，给每个销售时代啤酒的客户都提供了专门喝这种啤酒的杯子。

我们来澄清一下。时代啤酒是一款很好的普通窖藏啤酒，可追溯至二十世纪二十年代，最初是圣诞节时喝的啤酒。它并不是什么高档奢侈酒，而是不折不扣的工人饮料。正因为如此，在英国的某些社交圈里，时代啤酒常常和酗酒、暴力联系在一起。它的品牌需要改头换面，并尝试了一些做法：酿酒厂在酒吧装上那些曲线光滑的镀铬啤酒龙头，训练酒保在倒酒时精心做一套小小的仪式（用水冲洗杯子，用刀迅速抹掉杯子顶部的啤酒泡沫），每位顾客多收几美元，等等。通过这些方法，消费者们认为自己得到了特殊优待，对时代啤酒的态度也随之发生了变化。广告宣传起到了作用，很多人改变了看法。可能时代啤酒不是他们喝过的最好的啤酒，但它的呈现方式和浮夸的仪式让他们觉得自己很特殊，从而变成了忠实的追随者。啤酒没有变，表面的形式变了。

强大的市场营销的作用就是为酿酒厂带来金钱。时代啤酒迅速获得了成功，成为进口量最大的啤酒，打倒了当时相对更好的其他品牌，其中最值得注意的是荷兰酿酒商喜力生产的阿姆斯特尔淡啤酒（Amstel Light）。

即便如此，这非常像塞缪尔·亚当斯和完美品脱杯的例子，现在不像当时那样能常常见到时代啤酒的杯子了。虽然广告和有些酒吧里还有这种杯子，随着比利时窖藏啤酒越来越普通，很可能用的是美式品脱杯。最初的市场推动力一旦消退，消费者们仍然会买这种啤酒，但不会在意杯子。这个例子再一次说明了美式品脱杯的影响力。我们只是接受了它。

阿姆斯特尔淡啤酒销量下滑，也许你记得它是“啤酒酒徒的淡啤酒”，试图借用时代啤酒启发的方式，也在美国市场上推广他们自己的玻璃杯。和时代啤酒杯相似，它的杯子是皮尔森储藏啤酒用的管状杯，下面是底座而不是高脚杯的杯脚。改造后的市场推广活动放弃了人们熟悉的标志性广告词，改为促使人们“有品位地生活”。接下来，阿姆斯特尔品牌把自己的称号变成“丹姆（Dam）啤酒佳酿”，当然，“丹姆”指的是阿姆斯特丹。这个称号始终未能流行起来。消费者们没有被啤酒杯或广告词影响，现在在美国也极少在酒吧龙头那里见到这种啤酒。巴斯淡色麦芽啤酒（Bass Ale，归百威英博集团所有）的经历也如出一辙。这种经典的英国淡色麦芽啤酒拥有辉煌的历史和人们熟悉的商标图案（红色三角形标志着第一次获奖的商标），它的销量下降了。酿酒厂制造了带有三角形底座的皮尔森啤酒杯，将品牌名字垂直地印在酒杯上。这种杯子也逐渐减少，最终从货架上消失了。

有些时候，市场营销活动和视觉效果确实能重塑品牌。另外一些时候，它们是品牌从记忆里消失之前，我们最后记得的东西，然而最终消失在时间里。时代啤酒之所以能成功是因为时机好、资金充足，才有了市场推动力。阿姆斯特尔啤酒在面对威胁时显然走错了路，选择了模仿而没有开创新的办法或稳固自己的地位。任何生意都有这些危险，啤酒行业也不例外，有时，品牌不过是消退了而已。

如果说，哪家酿酒厂是以品牌标记的玻璃杯在美国获利的，其实并不是时代，而是吉尼士（Guinness）。这种生产于都柏林的著名烈啤酒的杯子，一部分像美式品脱杯，一部分像英式品脱杯。近来制造的杯子是用玻璃吹制出来的，犹如竖琴上那种和谐的曲线（吉尼士品牌长期使用这种曲线）。它完美地展现出了吉尼士标志性的氮气灌装（后面将有更多这方面的科学知识），这是啤酒厂商做得最好的广告。比他们用过的所有经典的动物园印刷广告、浮夸的电视报道、油腔滑调的广播节目都要好。看着吉尼士啤酒从天而降，从酒吧里一路滑到你的手边，效果立竿见影。目睹啤酒瀑布般倾泻，白色泡沫升腾而起，结实得像蛋糕一样，这确实相当引人着迷。

吉尼士的母公司是帝亚吉欧（Diageo），它深知好的市场营销非常重要。为了增加预期，他们鼓励酒保用 119.5 秒（尚不清楚为何不是两分钟），从通常刻有品牌标志的专用龙头里倒出完美的一品脱酒。打开龙头把手（形状像吉尼士品脱杯），把烈啤酒倒出来，倒满一半停下来，让麦芽啤酒静置，再接着倒满至顶端，最后摆放在顾客面前，他们就能看到啤酒瀑布般流出来的精彩画面。

在纽约、波士顿、芝加哥等主要市场，吉尼士酿酒厂力保酒吧里存储了数量充足的他们的标志性杯子。即便如此，仍然能经常见到烈啤酒倒在美式品脱杯里，而有些地方还有人使用塑料杯。有一年圣·帕特里克节的前夕，我在纽约。吉尼士的酿酒大师弗加尔·默里（Fergal Murray）承认，让酒保严格遵守上酒的规则，这既不可能也不合理。他说，对于顾客而言，最重要的就是容量。他的话让我明确地理解了一个问题：无论酿酒厂多么想让顾客拥有完整的体验，但如何倒酒和端酒并没有任何成文的规定。如果以少赚钱为代价，几乎没有酒吧老板和酒保愿意执行什么规则了。

并不是说有些人没有努力尝试。在丹佛的窖藏啤酒大街仓库（Bierstadt Lagerhaus），这里的人对待服务的各个方面都非常认真，尤其是玻璃容器和倒酒的方法。他们的每种窖藏啤酒和储藏啤酒都有专用的玻璃杯，每次你点的啤酒都会用相应的容器端上来。他们倒储藏啤酒时采用了缓慢倒酒的方法（确实名副其实）制造出轻微的戏剧效果，啤酒端到桌上时，杯口上有一簇蓬松的泡沫（视觉上非常漂亮，但对于品酒和评论不太实用）。

玻璃杯不只是在酒馆里才会用到。窖藏啤酒大街仓库的联合所有人阿什莉·卡特（Ashleigh Carter）显然是学历史的，她公开说希望将丹佛更多地方的时代啤酒龙头换成他们自己的储藏啤酒龙头。她指的是左手酿酒公司（Left Hand Brewing Company）的成功例子，这家公司的氮气烈啤酒在这片地区打倒了吉尼士。卡特争夺顾客的方法之一就是来自时代啤酒的案例。每家出售她的啤酒的酒吧（现在不到五十家）必须使用带有正确品牌标记的玻璃杯。绝不例外。如果酒保翻白眼，或者酒吧老板抱怨玻璃杯占了地方，没关系，他们会再找其他能理解他们目的和理念的酒吧。他们忠实于自己的啤酒传递出的信息。

我希望更多的地方能有这种坚定的信念。啤酒应该以恰当的方式被人赞美、喜爱和消费。为了便利、蝇头小利或出于懒惰而抄近路，会使啤酒远离它真实的面目。美式品脱杯就像蟑螂，永远不会死，如果死了反而是好事。就像我们看见臭虫时会去拿灭虫剂，同样的，我们也应该大胆说出来，极力要求酒吧用更好的玻璃杯给我们倒酒。

这是因为手中的玻璃杯能帮助我们更好地品尝啤酒。难道这不正是重点所在吗？

各位，品尝啤酒并不复杂。拿起杯子，喝一口，重复，直到该再点一杯或回家为止。够简单了，对吗？

是的。很久以来我们大家共同的喝酒体验都只是喝啤酒而已，吸收啤酒大概是自动进行的。这么长时间以来，啤酒都是清澈的、黄色、冒泡的液体，闻着和喝着都像我们记忆中郊游时尝过的味道，我们有什么可担心的？

现在，有了上千家酿酒厂，生产数千种不同的啤酒，风味的组合数不胜数，我们在大肆品尝不熟悉的啤酒之前有很多事情需要考虑。幸运的是，只要方法“恰当”，尝试啤酒不像尝试其他饮料那么可怕（我说的是葡萄酒）。在葡萄园品酒像去参加教堂活动一样。瓶子的摆放、开瓶的表演（可以说成是拧瓶塞，但听起来就没那么诱人了）、第一次倒酒、酒液的旋涡、嗅、啜、晃等，然后……吐出来？我一直无法理解这些东西。在品尝啤酒的社交场合永远不会见到供人把酒吐出来的桶。啤酒就是让人喝醉的。然而，品尝葡萄酒的戏剧化效果非常华丽，但不论是否配得上，每瓶酒所赋予的尊严让很多人认为葡萄酒比啤酒高级、精致、复杂。

第一次尝试一种啤酒时，有四个主要方面需要考虑：外观、香气、风味和口感。每个方面在整体体验中都各有作用，帮你决定是否喜欢这款啤酒还是换一种尝尝。走进酿酒厂看到十几个啤酒龙头炫耀着各式各样的风味，可能会觉得咄咄逼人。如果你知道自己喜欢麦芽、巧克力或咖啡风味的烈啤酒，那么它们可能很自然就是你的第一选择。如果积极发掘啤酒花风格的，以热带水果香气为主的印度淡色麦芽啤酒，也是如此。又或者你喜欢酸麦芽啤酒，它有浓烈的柑橘味，酸得甚至会令人精神一振。很好，就从你喜欢的啤酒开始。

比较好的酒吧和酿酒厂里提供的东西，即那些需要花时间印刷的酒单，上面描述了啤酒的风味，或者写在黑板上的可靠信息，这些都能帮你做出合理的决定。广告里描述为花生酱和椰子风味的黑啤酒，喝起来应该就是这种味道，你的味蕾应该能够证实这一点。不幸的是，现在还有很多地方不和你分享任何他们倒出来的酒的相关信息，所以只能自己去细细品味。

你需要知道两点：第一，决定点一整杯酒之前，你都可以要一点样品。酒吧和酿酒厂需要你的光顾，他们会做这些能促进销量的事情。如果你在决定喝什么之前，沿着整整一排啤酒龙头漫无目的地挑选，那么需要注意那些等着点酒的主顾。

第二，大多数样品都不超过 1 盎司，要形成对一种啤酒的完整观点，这个容量微不足道。真的需要至少 8 盎司才能完整地体验一种啤酒。因此，如果哪种酒喝这么一小口就激动人心，激发你大脑里原始的愉悦，那么去喝一整杯，试着去发现它真正的诱惑是什么。要记住：如果你对它的第一印象就是喜欢它，那么你很可能确实会喜欢它。

外　观

当你评价一种啤酒时，通常首先考虑的是它的香气。这样说是有道理的，因为我们人类的冲动直觉是抓起一杯酒，靠近脸，吸一大口气。但我认为，第一步最好是先看啤酒的外观。从视觉上接受啤酒，会让我们停下来思考接下来将发生的一切，然后再形成可靠的观点。

啤酒倒出来，端到你面前，看看它的颜色、液体的形态、甚至杯子。假设杯子绝对干净，里面没有残留的碳酸液体，我们就从颜色开始观察。它让你想到了什么？琥珀麦芽啤酒会不会让你想起落叶的颜色？酵母小麦啤酒是不是让你想起了慵懒夏日傍晚的夕阳？一杯俄罗斯帝国烈啤酒，吸收了所有的光线，是否会让你忆起冬日夜晚惬意地靠在火炉边，裹在温暖的毯子里？以柑橘味为首的新英格兰风格印度淡色麦芽啤酒，像不像橙汁的果浆？是吗？不是吗？很好。要记住：这是个人的感受，每个人都会或多或少地把颜色和经历、地点以及风味联想在一起。这些联想会让你进入正确的品酒之路。

啤酒的颜色和清澈的程度变化很多，从非常浅的金黄色到浓烈、无光、深邃的黑色都有，浅浅的金黄色非常清澈，甚至都能透过它读报纸。专业测量啤酒颜色用的是标准参照法(Standard Reference Method，SRM)。它测量的数值范围从 2（浅草黄）到 40（黑）。这两种颜色之间是深浅各异的黄色、橙色、琥珀色和棕色。

最初啤酒的颜色来自酿造过程中使用的麦芽。想起来前面我们谈论过的烘干过程了吗？啤酒中使用的标准是，两穗大麦麦芽在不同的温度下烘烤，会产生不同的颜色。有些窖藏啤酒使用食物着色，能制造出那种非常浅的颜色。加入黑麦或小麦，可以制造出更能支撑视觉体验的颜色或浑浊度。如果某些啤酒不能一眼看到底，并不是有缺陷。

酿造过程以外的原料也会为啤酒上色。你可能会喝到添加了木槿的粉红色啤酒，或者因为添加了蓝莓而接近紫色的啤酒。如果啤酒颜色在 SRM 量表里显示非常浅，特点是某种附加原料能够上色，那么你会在最终的啤酒成品里看见这种原料。有些啤酒在视觉上很醒目，很吸引人，比如紫红色的，是因为添加了新鲜的浆果。2018 年年初时，“闪光啤酒”出现在各处。酿酒师在啤酒里加入五彩缤纷、可食用的亮片旋涡，看起来非常魔幻，能在社交媒体上占据片刻人们的眼光。

另外，还有光线对啤酒产生的影响。有些情况下，阳光可以穿透杯子，营造出光斑的效果，或者在吧台、桌子上投下巨石阵似的影子，这也是在社交媒体上展现的好时机。有时，你可能觉得啤酒吸收了所有光线，但是拿起杯子倾斜杯身观看时，你会惊奇地发现，透过玻璃，有些地方的啤酒颜色变淡了，变成棕色甚至深红色，比如喝烈啤酒时。侧面的角度实际上更真实地呈现出了啤酒的颜色，比自上而下的整体角度更真切。

那么，如果能了解啤酒的本质，那碳酸化又起到了什么作用？碳酸气体是否汇集成了密集的气流，像高速公路上飞速行驶的汽车一样飞快上升？它是不是懒洋洋地散开再升起来？我们马上会深入分析啤酒里气泡的重要作用，但现在让我们来看看这些气泡在干什么，以及它们的移动让你想到了什么。要知道，每一个小小的气囊把极为重要的香气带到了液体表面，每一个气泡爆裂都是在制造（或去除）啤酒表层的泡沫。

在喝啤酒的视觉体验中，啤酒的顶部或泡沫也有着重要的作用。根据不同的种类，啤酒顶部呈现不同的外观、颜色和质地。啤酒上面可能有一层薄薄的泡沫，也可能完全没有泡沫。有的啤酒会产生蓬松的、慕斯一般的泡沫。有些啤酒里的泡沫很薄、很轻快，而有些啤酒里的泡沫则是厚重绵密的，比如吉尼士倒出来时，氮气在表层上产生蛋糕般的泡沫。随着啤酒被喝掉，有些泡沫可能会留下来，贴在杯子内壁上（双倍印度淡色麦芽啤酒就是这样的风格）。其他啤酒的泡沫则可能很快就消失。泡沫的颜色对于我们的视觉感受也很重要。有些泡沫可能是纯白的，比如普通的窖藏啤酒上面的泡沫，而焦糖色或琥珀色啤酒上的泡沫会呈现淡黄褐色。大多数情况下，啤酒颜色越深，泡沫的颜色也会越深。确实，吉尼士的氮气会产生白色的泡沫，而帝国黑啤酒、巧克力烈啤酒和烟熏烈啤酒可能会产生深棕色或棕褐色，像意式浓缩咖啡上的那种泡沫。

下一步，如果你正在学习了解啤酒风格，可以尝试判断啤酒看起来是否应该是窖藏啤酒、烈啤酒、印度淡色麦芽啤酒或其他风格。如果只是想喝点啤酒，只要你觉得它看起来很好，就可以进行下一步了。

香　气

嗅觉是喝啤酒体验中最重要的一环。我们所认为的味觉，其实 85% 是香气，也就是说，在啤酒抵达味蕾之前，我们就已经知道了要尝到的是什么味道。

假设啤酒倒出的方法是恰当的，即啤酒顶部和杯口之间有充裕的空间。这个空间比你所认为的更重要。虽然我们确实已经习惯了杯子倒得满满的，满到杯口，而如果杯子留有空间就会觉得被欺骗了。但是，液体和杯口之间的空间能够聚集香气，这样我们的鼻子靠近时才能真正地嗅到啤酒的气味，而不是把鼻子埋进去才闻得到。

你面前的啤酒里的每种成分都含有它自身的气味分子。在酿好的啤酒里，它们混合在一起，就有可能创造出新的混合物。例如，单独的卡拉法（Carafa）麦芽味道像巧克力或意式浓缩咖啡，巴伐利亚柑橘（Mandarina Bavaria）啤酒花闻起来像橘子，两者混合起来的味道可能会让人想到浸了巧克力的橘子，就是那种圣诞节时流行的糖果。评价你闻到的气味时，这就是正确的方式。有的啤酒可能有不止一种主要香气。把气味最强烈的原料辨别出来是个有趣的试验。

准备好开始品尝啤酒时，首先在杯子里轻柔地搅动啤酒。我曾经被人指点过一个好方法：像唱片机那样，按大约每分钟 45 转的速度搅动液体。在啤酒旋转时，靠近它，闻它的味道。你的直觉可能是把鼻子插进杯子里大大地吸一口气，吸得越快越多越好。这种情景让我想起周六早晨的动画片，里面有一只刚端出烤箱的大火鸡，烤成完美的棕色，散发出象征美味的热气。动画片里的角色会张大鼻孔，深深呼吸，再满足地吐气。这种吸气的方法似乎可行，但细细鉴别啤酒里的味道时，它是最没用的办法。

在与长期从事啤酒行业的专业人士一起参加了无数次的品酒会，并对世界各地的啤酒比赛进行评判之后，我发现了两个可靠且值得信任的方法可以从啤酒中获得最丰富的芳香信息。第一种方法很像警犬的行为。快速闻杯子顶端，每次短促的呼吸之间吸进周围的空气，每次重复动作时香气混合物的气味会逐渐增强。吸到的第一口香气可能会让人想起熟悉的气味，第二次的气味建立在第一次的基础上，第三次、第四次时气味焦点会更加清晰，很快你的大脑就能分辨出记忆银行里储存的香气。

第二种辨别香气的有效方法，是将杯子放在鼻子下面 1 英寸左右，靠右边放，然后在鼻孔下方，从右向左移动杯子。想象打字员打完一页纸,卷轴拉回起始位置的动作。这种情景下，你先吸入的是周围的空气，然后香气的信息缓慢、从容地传递到大脑，帮助你判断杯子里散发出的气味是什么。

这时你的脑中在想什么？其实各种各样有趣的事情都有。人的鼻子平均和两百万个神经末端连接，当香气进入鼻腔时，神经末端和香味相互影响。气味通过鼻腔后，它们聚集在嗅球里，嗅球位于大脑前侧，如果你想象它的位置，是在鼻子顶端和眼眶连接处的后面。这个位置处理香气，它们在被传送到大脑其他区域之前，先到达嗅皮质，进一步地辨别信息，大脑其他区域有了香气的背景信息后，通过记忆和你连接起来。因为我们面部的各个部分连接得非常紧密，用嘴呼吸时，喉咙顶端其实也能够收集香气。

大脑容量极大。假设现在你的杯子里装着普通的淡色小麦啤酒，在灌装之前混入了覆盆子。我们大多数人都吃过覆盆子，我们知道它的模样、气味和口味。当人生中遇到过的味道出现时，我们会产生非常具体的嗅觉记忆，很容易迅速地辨别出这种味道。“我闻到了覆盆子。这种啤酒里面肯定有覆盆子。”哪怕只是一点点苦的、带泥土味的覆盆子种子，也会和大脑里烙下的具体香气或感官联系起来。一缕熟悉事物的气味能唤起陈旧的记忆，比如小时候采摘过覆盆子，回家路上在“冰雪皇后”（Dairy Queen）里买了冰激凌。

有时，对香气的记忆也会跟我们捣蛋。如果你是盲品和第一次闻这种啤酒，覆盆子的感知可能会在你的大脑里引起另一种回应，比如蓝莓。这似乎违反直觉，但因为我们太熟悉覆盆子了，没有看到真实的果子时很容易把它和其他水果混淆，比如蓝莓、草莓甚至樱桃或红醋栗。同样的，这几种水果都不会是主要原料，我们可能会在覆盆子应该出现的地方分辨出它。一旦你对风味的观点成型了，就很难再拓展它。

别人的建议对我们的影响也非常大。如果有人告诉我们应该期待某种风味，我们的大脑会自然地朝着这个想法靠拢。如果我递给你一杯覆盆子小麦啤酒，却说：“嘿，来尝尝这款草莓麦芽啤酒。”那么你的大脑会直接去想草莓的味道，甚至可能不会去寻找其他风味。如果你确实仔细搜寻了（我们始终应该更深入地探索每种啤酒里的香气），大脑可能会辨别出覆盆子，但因为我已经说了是草莓味，你会怀疑自己。这种现象太过普遍，专业品酒师必须避开这种干扰。

我在《关于啤酒的一切》杂志当编辑时，定期在家中举办盲品评测会。每位评委都会拿到一种基本风格啤酒的样品，以黑啤酒为例，如果里面有特殊配料，比如咖啡，我会只告诉他们这是“添加了东西的黑啤酒”。听到这些评委们说出他们尝到的味道，真是非常令人惊叹。品酒师可能会说有椒类的味道，而不是咖啡味。咖啡和青椒里都有同一种化合物，2-甲氧基-3-异丁基吡嗪（2-isobutyl-3-methoxypyrazine），对很多人来说，咖啡的香气在他们的大脑中会被默认为是青椒。我总是好奇，连多次参加的品酒师成员第一次喝时也会认为是青椒的味道，而不是咖啡，哪怕青椒并不是啤酒里常见的配料，爪哇咖啡则是常见的。现在我在品酒时，如果遇到香气中有青椒的味道，我会强迫自己的大脑去想咖啡味。就像打开了灯的开关：它就在那里。

关于这个话题，我们在“偷走啤酒”播客栏目里会更深入了解一些，这是我和卡顿酿酒厂（Carton Brewing）的奥吉尔·卡顿（Augie Carton）一起主持的节目。节目嘉宾带来啤酒让我们品尝，我们事先并不知道风格、原料甚至生产商。啤酒被放在黑色玻璃杯里端给我们，看不到酒的颜色，也看不到碳酸化作用的气体。我们只能闻着味道品尝啤酒，想象它的口感。有时我们能头头是道地找出每种原料，分辨出啤酒花的种类，甚至能叫出某种啤酒的名字，尤其是碰到了我们喝过多次的啤酒。而有的时候我们的推测则漫无边际。在有一集节目中，我们俩都发誓说，煤仓酿酒公司（Bunker Brewing Company）生产的机器捷克储藏啤酒（Machine Czech Pilsner），颜色很浅，用了皮尔森麦芽，啤酒花味较淡，是浓烈的牛奶烈啤酒，颜色很深。还有，一种是窖藏啤酒，另一种是麦芽啤酒；一个里面加了乳糖，另一个没有加。但是，窖藏啤酒里的一点点白色、浓郁的口感、一丝甜味，让我们误以为是另一种啤酒。那次既让人感到羞辱，又学到了很多。前面提到的奥瓦尔啤酒经常在节目里出现。每次都因为它陈酿的时间让我困惑恼火。有时泡泡糖酵母的风味是主导，又有时草本啤酒花是主要风味。但是几乎每次有人把这种啤酒带到节目上（嘉宾们这样做只是为了干扰我），我都会尝出不同的东西，而且很难分辨出它。

赏玩香气是有趣的感官体验。有些酿酒学校会把学生的眼睛蒙上，递给他们苹果片吃，但是在他们鼻子下面放的是橘子。柑橘的气息压倒一切，会说服大脑你吃的是橘子，而不是伊甸园之果。这个试验在家里尝试很方便，它说明我们很容易就被嗅觉牵着鼻子走。做饭（或在家酿酒）时，花些时间去闻每种原料，哪怕是熟悉的盐和胡椒。吸气时让思绪飘散，看看气味能带来什么火花，要知道，你大脑深处的某个凹陷处会储存这种新的嗅觉记忆。

风　味

看过、搅拌过、闻过之后，该喝啤酒了。去喝一口。第一次品尝某种啤酒时，建议遵循金凤花原则（Goldilocks rule）：不要喝太多，脸颊会撑得鼓起来，要顺着呼吸一口吞下去；也不要喝太少，张开嘴时一滴酒也没流出来。不多不少才是合适的。液体要灌到口腔底部，足够浸润舌头。这么多的液体可以使味蕾能够分辨风味和各种味道特征，比如苦味、甜味、咸味、酸味和鲜味。

味蕾是舌头表面上凸起的点状物，它非常重要，能感受到我们吃喝的食物和饮料里的味道特点，这些凸起的点状物叫乳头状突起，我们如果把舌头伸长，在镜子里能看到它们。味蕾就位于能看到的点状物的里面，它们感受并理解各种风味，再把风味和恰当的相关信息一起传输到大脑。我们的味蕾大约每两周就更新一次，尽管热咖啡烫了舌头也会把味蕾烫掉。年纪大了以后，尤其是到了四十岁、五十岁之后，我们新生的味蕾越来越少，大多数人在六十多岁时就很难准确地分辨各种风味特点之间的区别。

迅速插一句：可能你还记得小时候的旧课本里有一幅舌头地图。这幅图把舌头划分为几个区域，不同区域探测到不同的味道。前几年，舌头地图的想法被彻底否定了。科学家们现在认为整条舌头可以准确地接收所有风味。

咱们来谈谈风味吧，好吗？

苦味通常被定义为极度缺少甜味，我们大多数人对苦味都很敏感。这就是为什么带有苦味的啤酒花是对啤酒酒徒来说如此两极分化的原料之一。

甜味是糖类的感觉，由于很小的时候就接触过糖果和其他甜点，大部分人会把它和幸福联系起来。啤酒里的麦芽和酵母都会散发甜味，还有添加的其他一种或多种特殊配料也有甜味，包括你能猜到的糖。

酸味由酸度体现。味蕾感知到酸味时，会造成唾液腺过度分泌。有几种啤酒风格是以酸味为主导的，比如香槟啤酒，它使用了野生菌类，酿造时间较长。还有近来兴起的快桶酸啤酒（quick-kettle sours），比如柏林小麦啤酒，它使用了乳酸杆菌，这是一种天才细菌，能迅速地把糖转化为酒精，并且散发出柠檬似的、柑橘酸味的特色。酸味也可能来自配方里添加的柑橘类配料，比如酸橙汁（见第三章对酸啤酒的讨论）。

咸味，嗯，来自盐。啤酒里的咸味有几种来源，酿造用的水里可能含有盐分，也可能添加了纯盐。古斯（Gose），一种德国风格啤酒，特点是咸味的，因为酿造过程中添加了盐。咸味啤酒的体验，跟喝海水（不建议这样做）不一样，这种风格的啤酒通常酒精度较低，口感非常清新，在很大程度上，它像有些人需要喝的盐水饮料。盐是啤酒的天然伴侣，因为它能够反衬、增强其他味道，尤其是甜味。几年前，市面上流行过盐味焦糖啤酒（模仿了当时流行的一种冰激凌），盐和焦糖的组合能赢得任何喝过它的人的喜爱。甚至在美国有些地方，如达科他，某一年龄段的酒徒常常在喝啤酒时把盐撒入酒杯，让原本带有甜味的美国窖藏啤酒更好喝。

鲜味也是咸味特征，但它和时间、深度有关。大多数人在发酵食物里尝到鲜味，比如黄豆酱或朝鲜泡菜、地窖里的陈年奶酪、熟得恰好的牛排。酒精含量高的啤酒中咸味较为明显，因为它们在地窖里经过了恰当的发酵，比如大麦酒，或者陈年桶酿的野麦啤酒，会带有黄豆似的特色味道。

口　感

品尝啤酒要考虑的最后两点是酒体和碳酸化作用：这两者是构成啤酒口感的主要组成部分。评价口感就跟喝一口酒那样简单（一口酒的量前面提到过），在舌头上停留三秒钟。这时，请考虑两个问题：啤酒感觉如何，即浓度和质地；碳酸化的程度。请牢记，人们认为深色啤酒更浓郁，这是很正常的，但颜色并不总是和酒体直接相关。每种啤酒都不一样，每种风格都有自己的特点，尽可能多地去了解配方，这样有助于我们判断啤酒是真的质量良好还是伪装成好啤酒。

首先，来谈谈酒体。我希望你可以很自然地认为，你曾经喝过的吉尼士是世界上最流行、认可度最高的啤酒。由于它采用氮气灌装，送到你的座位上时，它看起来浓郁、诱人。喝一口，在嘴里含一会儿。转动舌头，在口中感受它的液体。可能你会惊奇地发现，它和一杯水（当然，还有碳酸饱和作用）很相似。虽然颜色深、外观厚重，但其实吉尼士的酒体清爽、温和。这是它喝起来很轻松的原因之一。尽管吉尼士和俄罗斯帝国烈啤酒属于同一家族，但它完全没有这类啤酒应有的厚重、黏稠、浓香。这是酿造使用的原料造成的。我查阅了《精酿啤酒与酿造杂志》的家庭酿酒配方档案，明白了吉尼士和俄罗斯帝国烈啤酒如此不同，其原因在于麦芽。

麦芽不仅使啤酒带有颜色，其中的糖分喂养酵母，用于产生酒精。啤酒里的麦芽越多，糖分就越多，啤酒就越可能更加厚重、更容易醉人。如果在家酿造 5 加仑的干爱尔兰烈啤酒，配方里需要6磅[1]淡色麦芽、2磅大麦片、1磅烤大麦。这相当于加了温和的巧克力和咖啡口味的深色麦芽啤酒，但大部分味道特征来自浅色谷物，还有些微的坚果味。酿造5加仑帝国烈啤酒需要19磅两穗麦芽、1.5磅烤大麦、12盎司巧克力麦芽、8盎司黑色专利麦芽（patent malt），还有两种不同的焦糖麦芽各16盎司。麦芽量越大、种类越多，啤酒口感就越浓厚。如果你不喜欢浓厚的啤酒，但又喜欢啤酒里咖啡和巧克力的味道，干爱尔兰烈啤酒应该不会让你觉得猛烈。

我已经说过，不只是颜色深的啤酒才有浓厚口感。啤酒花由于含油，也会酿出醇厚的酒体。比如，双倍淡色印度麦芽啤酒会呈现厚重、油质的特点，啤酒花会使啤酒喝起来觉得柔软黏着，有点像稀薄糊状物的口感。以小麦为主的浅色啤酒，比如酵母小麦啤酒，也会比使用了浅色麦芽的金黄色麦芽啤酒的酒体更厚重。

评价啤酒的口感时，碳酸化作用很重要。再次回到美国淡色窖藏啤酒的例子，我们习惯性地认为啤酒应该是浑浊的、起泡的，碳酸化作用给舌头带来轻微刺痛的感觉，但又不会令人不愉快。一般情况下这是事实，对于大多数风格的啤酒，我们都希望它有活跃的碳酸化作用。但并非每种风格的啤酒都需要如此。

桶装麦芽啤酒天然就有碳酸化作用，口感较为柔和。充入

[1] 美制质量或重量单位，1磅=16盎司，合0.4536千克。——编者注

氮气的啤酒也是这样的。其他风格的酒，比如大麦酒或前面提到的帝国烈啤酒，它们的泡沫很有活力，但不是窖藏啤酒那种刺痛的感觉。塞森啤酒和其他瓶装啤酒开瓶时可能像香槟那样活力四射，相应地会冒出很多泡沫，尤其是装在瓶塞式瓶子里时。还有一些风格的啤酒由于碳酸太多，比如咸味古斯啤酒，那些细小的气泡像电视广告里擦洗东西的泡沫，在舌头上跳舞。

选择啤酒时，我们的注意力主要集中在味道上，我想喝苦味的，还是干爽的啤酒？但只要你越熟悉啤酒带给我们的所有感知，你就越能够明白，在啤酒和情绪的对应上，口感更为重要。有些场合需要泡沫飞腾，而有时你则渴望柔和平稳。用啤酒配餐时，你会发现杯子里酒的不同质地会奇妙地和盘中食物互补或对比。最终的目标是诚实地对待每种啤酒，让它向你揭示出它的真正本质。

想想杯子里的啤酒，把各方面综合起来：外观、气味、味觉、口感。你喜欢它吗？它达到了你对这种风格的期待吗？喝的时候是否带给你好的感官体验？它是否让你微笑？抑或只是你的环境和活动的背景陪衬？你喜欢它的什么？会不会再点一杯？如果以上问题你所有的回答都是“是的”，恭喜你！你找到了喜爱的啤酒，一种只要你愿意就会再回来喝上几轮的啤酒。

如果你的回答不是这样，可能你不喜欢它的风味，可能外观令人不愉快，可能碳酸化作用太强烈，或者香气不愉悦，也不用担心。啤酒对于每个喝酒的人都是个人化的。想想你喜欢喝什么葡萄酒。有些人喜欢红葡萄酒远胜过白葡萄酒，或者反过来。你也可能喜欢干的、甜的或特定产区的风格。

可以通过这些方式来考虑啤酒：如果你平时喜欢喝咖啡，也许可以去找咖啡风味的啤酒。同样的，水果、香料，任何其他世界上天然存在的味道都可以去找。如果你觉得自己不喜欢啤酒，或者你有个朋友认为你不喜欢啤酒，那么从你喜欢的风味开始尝试，从啤酒里，几乎可以找到所有味道。我们已经知道美国有数千家酿酒厂，生产数千种啤酒。它们当中肯定会有一种啤酒能吸引你。你只需要去把它找出来，尝试一下，这将非常有趣。

酿酒师们觉得最有趣的是添加风味，可能极好也可能极差。只要是地球上存在的、人类能吃的东西或原料，那么酿酒师们就很有可能用它来酿啤酒。几代人以来，酿酒师们依赖核心原料，水、麦芽、啤酒花、酵母，来为啤酒增加风味。具体原料（比如麦芽或啤酒花）的种类，或者说，这四种原料如何加工，决定了酿出的啤酒味道是像咖啡还是像热带水果，是像泡泡糖还是像香料。不过，现在有些酿酒师会在啤酒里添加真正的风味配料，这样的事越来越多。他们这样做是为了口味，或者是为了与众不同；因为酿酒师是一群有创意的人，他们这样做也只是为了尝试新东西。

在用乳糖（牛奶里的糖类）酿的烈啤酒里加入巧克力就能制造出巧克力牛奶烈啤酒，这似乎很容易，但事实上需要强大的技术知识，才能将原料恰当地混合起来，以确保酿成的啤酒是成功的。要用不寻常的配料酿出啤酒，还需要很强的想象力和很好的技巧。如果一位酿酒师思想开放，品尝过好的食物，有创造的自由，具备和食物打交道的经验，并被迫创造新的东西，如此就会酿出高品质的啤酒。这就是现在我们能喝到各种口味的酒，柠檬蛋白饼、草莓酥饼、玛格丽特，或者尝到啤酒里加入了真正的柑橘、全麦饼干、芹菜盐和山葵的原因。

灵感可能来自任何地方。几年前，我和塞缪尔·亚当斯酒厂的吉姆·科赫说起他们的明星产品，巧克力烈性黑啤酒，每年 12 月能买到，是节日套装的一部分。把这种啤酒卖到市场上经历了很多挑战。有了最初的想法以后，酿酒师们需要找到哪种巧克力适合使用，可可豆、巧克力块成品，还是液体巧克力。下一步，怎么把巧克力加入啤酒中，是加入麦芽糊里，在煮沸过程中加入，还是发酵时加入？其他风味是否能增强新鲜巧克力的味道、散发出附加的香气和味觉。有的，香草，但该用香草豆、提取物，还是香草泥？可能存在的组合似乎无穷无尽。科赫说，他的团队试验了很多次，也错了很多次，才找到能酿酒的配方。最终的配方里用了可可豆碎粒，经过漫长、缓慢的冷浸才得到想要的风味。

每次采用新的配料，酿酒师们必然都要经历类似的试验过程，从香料、新鲜水果到蔬菜都有。并不是啤酒制造者酿出来的任何东西都能正中目的，或都能通过嗅觉的考验。酿酒师们曾告诉我，培根啤酒、鸡肉麦芽啤酒、香蕉调和酒至今仍是他们的噩梦。

“你可以用任何东西酿酒，”科赫说，“但酿出来的东西都好喝吗？”

从佛手瓜（柑橘类果实的一种，被描述为“爱德华剪刀手之果”）到芥末，从红茶到烟熏泥煤，他们寻找可以混入啤酒里的地方风味，比如纳什维尔的香辣鸡调料，或印度制造的啤酒里的葫芦巴种子，让我们能感觉到世界各地的人们是如何生活的。酿酒师们以眨眼般的速度生产新的啤酒，使用源自各个大陆的配料，有些人甚至超越陆地，寻找天上的配料。

最早的木偶秀《太空猪》(*Pigs in Space*）里有一个反复出现的画面。我记得小时候看到这个模仿《星际迷航》(*Star Trek*）的画面，嘲笑它的荒唐。在过去几年里，酿酒师们在浩瀚的宇宙中寻找能加入啤酒的东西时，我也有过相似的反应。在配方里加入怪异配料已毫不陌生，2013年，角鲨头精酿麦芽啤酒领先开始了太空配料的军备竞赛。他们酿了一款“天上珠宝”麦芽啤酒，小批量生产，10月节时酿造，里面加入了微量的、细细研磨过的月球陨石。酿酒师将月球尘土放在茶包大小的容器里浸泡，然后在发酵过程中放入啤酒里，用只在酒馆里使用的酒罐装酒，这种容器和宇航员的太空服材料相同。为阿波罗计划生产宇航服的多佛国际乳胶公司（IIC Dover）向这家酿酒厂赠送了月球尘土。

这款啤酒更像是10月节的限量酒，而非月亮果汁，它的风味来自传统的面团似的焦糖麦芽和草本啤酒花，口感清新凉爽。我个人觉得酿酒厂应该用陈年啤酒花，它会散发异戊酸

(isovaleric acid)，能产生出奶酪般的香气和风味。其实月球尘土本身并没有味道，然而少量加入月球尘土可能也是出于好意，因为任何一点点意义都可能引起肠胃刺激。

现在，在你出发去当地的家酿商店买几微克月球尘土之前（假设你能买得起，大买家），要知道，几乎不可能得到它。我们地球上只发现了不到两百微克的月球尘土。阿波罗计划带回的那些尘土是“国家宝藏”，不允许出售或赠送。

酿酒师们开始思索有没有比较容易的方法能在啤酒里加入“太空的风味”。就在几个月前，角鲨头酿酒厂酒馆里，戴着太空手套的人们碰了杯，另一边，俄勒冈的宁卡斯酿酒公司(Ninkasi Brewing Company）去了内华达沙漠，把一小瓶酵母装进火箭前部，发射到了太空。他们希望酵母能保持活性，可能的话，希望酵母染上新的风味属性（可能是太空辐射的超能力？），并且希望酵母回到地球之后仍然能够用来酿酒。

那次发射是在黎明后的一个晴朗早晨，非常壮观。火箭的行程只有 12 分钟，由于酵母很脆弱，在严酷环境下容易受到影响而被毁坏，因此需要在返回地面 10 个小时之内找到它，并且完好无损地重新包装好。然而火箭返回时无线电信号不幸丢失，要在十万平方公里的可能范围内搜寻酵母，难度可想而知。27 天后，人们才找到火箭所载箭头，而酵母已经死了。

宁卡斯在效仿太空项目方面并没有因此而踌躇不前。几个月后，他们返回那片沙漠，重新发射了一枚火箭，精确地说，高达 77.3 英里。这次，酵母平安返回，用在了“地面控制”

这款酒里，这是一款帝国波本桶陈烈啤酒。声明一下，它的味道和描述的完全一致。

地球的另一端，一家澳大利亚酿酒厂一直期待着太空旅行能成为我们普通人的旅行。他们和当地一家航空公司合作，研发低碳、重口味、耐得住太空环境的啤酒。研发中最难的地方在于合适的包装，任何玻璃瓶或罐子都不能使用。想想小时候那些太空冰激凌的铝箔包装，这种啤酒的包装可能与之类似。

除非和美国国家航空航天局有特殊关系，或者在后院小屋里藏了一个外星人，不然，在家里酿造太空啤酒比酿造其他特殊啤酒的挑战大得多。请记住，宁卡斯用的酵母只是发射到了太空一次，回到地面后经过了多次繁殖。角鲨头那款啤酒的产量非常少，只有少数人才能喝到。

那么，最好是去抓起几瓶你最喜欢的啤酒，冲进夜色里，远望星星，仰头喝酒。想想宇宙，想想你在其中的位置，想想下次在家里酿酒时能添加哪些地球上的原料。

享受啤酒的喜悦不只来自杯子里的酒，还有周围的环境和背景。长久以来，准备要喝酒的人们显然有两个选择：去酒吧喝，在家喝。而现在可以直接去啤酒的源头喝，其实我更愿意待在酿酒厂喝酒：试喝他们陈列的酒，找出我喜欢的一种，然后整个下午或晚上都在和朋友、家人聊天，消磨时间。当然也可以独自去喝。酿酒厂大多是很友好的地方，没有酒吧或夜店里的诱惑，人人都可以独自坐下来，只要不想被打扰，就不会有人来打扰你。我在酿酒厂交到了终生好友，可能你也会交到好朋友。这里的酒吧间成了新的酒馆和很多社区的社交场所。2015年，尼尔森零售预售渠道信息公司的一项研究显示，2004年至2014年，美国有超过12000家社区酒吧关闭了。同一时期，美国有几千家酿酒厂开张。一些州立酒馆和餐厅协会为了这些数字而争论。酿酒厂无须购买完整的售酒许可证就能按品脱出售啤酒，在大多数辖区这样卖酒会更贵，他们认为这是漏洞，经常为此愤怒。这些协会的发言人说,这些收入本应属于他们。还有，酿酒厂的停车厂里经常有餐车，尤其是那些没有厨房的酿酒厂，而这些餐车卖的酒也损害了他们（协会）的收入。

在美国当前啤酒运动的早期，大多数酿酒厂都有附属的餐馆。基本上这些出售自制啤酒的酒馆首先是餐馆，其次才是酿酒厂。他们通过强调食物的品质来吸引顾客，希望顾客们也顺便喝点啤酒。后来方向调转，新一代酿酒厂对自己的酿酒天赋更为肯定，他们甚至都不愿意解决在同一个屋檐下经营两个不同生意的头疼问题，他们选择以啤酒为主，其余的事外包出去。

结果就有了酒吧间，它是酿酒厂和厂主个性的延伸。早期的啤酒餐馆大多数有着不让人讨厌的英国酒吧风格，或者模仿海鲜屋或美国老式餐厅的氛围。菜单上的东西适合所有人，因为他们希望所有人都来。现在有些酿酒厂把自己列为重金属音乐狂热爱好者的地方，有些酿酒厂定位为摄影爱好者的地方、瑜伽迷的地方、纪念“夏日之爱”迷幻时期的地方，还有些酿酒厂为任何能想到的民族提供饮食，从泰国、印度、波兰到韩国的民族都有。

这就是力量：葡萄酒可不会这样。上次有人去葡萄酒吧与社区里的人交流是什么时候？啤酒天生令人放松，带来欢乐，思想开放，这些都是它的卖点。事实上，它和势利完全相反。啤酒酿酒产业可以具有葡萄酒的长处，自行庆祝，认真对待自己的酒，关注盛酒的容器、酒的温度和风味，同时把其他的抛在脑后。

事情是这样的：酿酒厂欢迎所有人。现代酿酒产业的发展方式使整体预留很少。参观酿酒厂仍是一段很愉快的时光。当然，你会遇到一些更认真看待啤酒的人，也会遇到一些可能因为自己了解啤酒而显得高人一等的人，不过这些事情极少发生，尤其是和冰冷炫酷的鸡尾酒会、高端葡萄酒厂相比。去丹佛参观 TRVE 酿酒厂（TRVE Brewing）时，我和别人聊得好极了。这家酒厂是前面提到过的重金属音乐啤酒厂之一。我的领结和夹克比较引人注目，但我从不觉得不自在。我只是无法跟着音响里的任何一首歌哼唱。然而，对于常客来说，他们为了啤酒和出于共同激情的交谈而聚集在一起。酿酒厂是一个令人愉快的地方，也是他们社区结构的一部分。

如果足够幸运，你生活的城市或地区有几家酿酒厂，你就可能去寻找适合你品味的地方，可能是顾客稀少、装潢雅致、通常还会上演出色演出的地方，或者是无声无息、安静的地方，你和手里的书（是这本书，希望至少有一次是这本！）都不会受到干扰。只要能享受杯中的啤酒，你就可以认定厂主肯定愿意让你待在这里。

过去在酒吧里有三件事从不讨论：性、政治、宗教。而现在的氛围使人不太可能遵守这种古老的（可能也是明智的）说法，啤酒尤其能引发闲谈，因为它把形形色色的，具有各种不同信念和观点的人聚集起来。酿酒厂变成了鼓励自由表达的地方，人们试图在这里解决世界上的各种问题，或者至少了解一下不同的见解。我曾看到一个无神论者和一位牧师边喝塞森啤酒边文明地讨论。还见过共和党人和民主党人叮当碰杯，承诺为了所有人让国家变得更好。在酿酒厂里和人们聊天，我知道了很多趣闻，对国外的某个城市了解得更多一些，甚至有人推荐我需要恶补哪一个电视节目。啤酒建立了团体，它也是社交润滑剂。也许你曾经亲身体会过。酿酒厂的环境有助于人们交谈，比酒馆、当地的星期五餐厅（TGI Fridays）、葡萄酒厂、饭店的酒吧都更利于交谈。

甚至连宗教团体都开始在酿酒厂开会。有些教派指望增加等级、让教堂坐满，而有些活动则是啤酒和《圣经》学习的结合，有时被叫作“啤酒龙头上的宗教”，这种活动在全国各地都冒出来了，邀请人们一边喝酒，一边谈论从好书里学到的东西和改善生活的方法。

大概，酿酒厂的成功使“马克杯俱乐部”这种现象正在消失。啤酒革命早期，有一些自酿酒的酒馆按年度向常客收取费用，为他们保留专用的马克杯。这种杯子一般装饰华丽、精致，刻着成员的名字或号码。俱乐部成员们喝啤酒有折扣，收到特殊活动的邀请，能买到特殊的瓶装啤酒，给他们倒的酒也经常多于一品脱。随着酿酒厂日益兴盛，想加入俱乐部的人数也在增加。很快，大多数俱乐部变得十分庞大、难以处理，大部分都被取消了。如果这个潮流能大大地复兴，我将等待家乡的酿酒厂也有这样的俱乐部。

酒瓶俱乐部取代了马克杯俱乐部。这些只服务会员的企业让顾客们提前支付特定瓶装啤酒的费用。他们承诺，会员买到的独一无二的啤酒，大众是买不到的，或者起码是比普通人能提前预订啤酒。显然制造这些啤酒是为了好喝，但它们价格不菲，主要是为了炫耀。提供酒瓶俱乐部的酿酒厂一般都有可靠的名声，因此消费者们希望特殊发售的啤酒品质卓越，俱乐部成员们并不介意花钱买特制的惊喜。声誉越好的俱乐部，等候名单就越长。

除了在顾客当中建立团体，酿酒厂还希望活跃地支持酒厂外面的群体。如果上次参观时没有留意，下次参观酿酒厂时你可以去欣赏它们的墙壁。酿酒厂越大,能挂东西的空间就越多。很多酒厂变成了画廊，既是传统意义上的画廊，当地的艺术家们一批批轮流展示作品，希望有人能买下它们；也是现代意义上对街头艺术的支持，酿酒厂的墙壁上画着壁画。大量出色的当地艺术作品都是用喷雾罐喷出来的。有些画描绘了某一个地区或某种文化，或者只是扎根于流行文化。如果你在北卡罗来纳州的阿什维尔，去看看坟墓啤酒公司（Burial Beer Company）的后墙，那里有一幅怪异但很值得传到“照片墙”上的壁画，描绘的是汤姆•塞立克（Tom Selleck）拥抱着《七宝奇谋》（*The*

Goonies）里的树獭。在迈阿密州的 J. 韦克菲尔德酿酒厂（J. Wakefield Brewing）的装饰里，有一部分是受《星球大战》（*Star Wars*）启发的画作。圣迭戈的摩登时代啤酒厂（Modern Times Beer）墙上贴的壁画，灵感来自已故的迈克尔·杰克逊（Michael Jackson）在便利贴上写的笔记，画着歌手抱着他的宠物猴子"气泡"。观看酿酒厂选择展示的艺术作品，即使是不出售的作品，你也会对这个地区（和这家酒厂）了解很多。

杰克·麦考利夫在二十世纪七十年代创办新英格兰酿酒公司时，加利福尼亚州的索诺马市还不知道该给他办什么执照，几乎没有兴趣愿意帮他建立一间小厂。而现在，政客们竭尽全力争取酿酒厂在地方和州里的投票。连前总统奥巴马（Obama）都在几次"啤酒峰会"上尝试交际，还把家庭酿酒带回了白宫。现在很难见到哪家酿酒厂剪彩时没有找个市长来合影或跟人群寒暄欢迎。

酿酒商承办政治论坛不是罕见的事，邀请政客们讨论平台和问题，他们自己也可能加入讨论。涉及环境问题和社会关注的问题时，酿酒商的声音强大有力，他们可以利用自己对消费者的重要影响力来获得结果。有些酿酒商已经成功地竞选上了公职。1988 年，科罗拉多州的州长约翰·希肯卢珀（John Hickenlooper）就是在丹佛的市中心建立了温库普酿酒厂（Wynkoop Brewing）。

酿酒厂经常支持，甚至赞助慈善捐赠活动。自然灾害之后，很多酿酒厂鼓励顾客们把罐头、衣服、毯子或其他物品捐给需要帮助的人。有些酒厂甚至提供免费啤酒作为答谢。既喝了啤酒，也做了好事。

当考虑在哪里度过有限的时光时，我们会想到所有这些因素。酿酒厂能确保老主顾们愿意在这里花钱、消磨时光，无论是 20 分钟快速喝一品脱，还是待上 5 个小时滑着手机屏幕或跟朋友叙旧，都很有意思。每次回到熟悉的地方，你都支持了一间小酒厂,最好也能有所收获。如果喝到的啤酒是你喜欢的，杯子很干净，气氛舒心，那么你有各种理由要回到这里。如果不是这样呢？可能同一条街上还有别的地方。

无论你是哪种喝啤酒的人，是随意喝，还是超级忠诚的啤酒爱好者。对于我们来说，现在喝一品脱啤酒不只是喝一品脱啤酒，还有很多很多东西。我从 21岁生日那天开始喝啤酒时，绝对想象不到我会接触到一个如此广阔的世界。越过玻璃杯，我知道了新的原料和风味，结识了新的人，接触了新的概念、音乐、理念和地方，这都多亏了啤酒。我发现，乐于冒险，生活就可能更丰富。

第五章　在酒吧喝啤酒

让我们回到思想酒馆，再喝一轮酒。明白吗？但愿你点的酒盛放在你选择的杯子里，哪怕是美式品脱杯，但愿杯子是干净的。我来猜一猜，你们大多数人喝的啤酒都来自啤酒龙头。

生啤系统，或者散装啤酒系统，是美国最常用的啤酒分装方式（尽管很多酒馆认为改造这种系统是个挑战，下面会对这一点展开讨论）。在啤酒的宏大故事篇章里，生啤是个新角色。直到十八世纪末，才出现了把啤酒从桶里抽到杯子里的机械设备。在那之前，发酵好的啤酒都是直接倒入杯子里，原有的碳酸气体很快就消散了。大约五十年前，机械二氧化碳系统有了改进，这才让人们喝到了散装的、含有碳酸气体的啤酒，可与瓶装啤酒比拟。而瓶装的、含有碳酸气体的啤酒早在十九世纪就有了。

常用的生啤系统有三种：临时的、直取的和长取的，各有优缺点。每种系统都包括软管、接点零件和调节阀这样几个组成部分。其中，调节阀至关重要，它能够保证啤酒按照酿酒厂所希望的方式流出来。

临时系统是休闲的后院烧烤，甚至一些啤酒节的首选。人们使用野餐唧筒来抽取啤酒。这种可携带的唧筒将空气压进酒桶里，把啤酒从一个用拇指控制的水龙头里压出来。有些型号可以装配上一次性的二氧化碳气罐。老练些的酿酒师或酿酒厂会用上便携式单水龙头杂物箱（jockey box）：用二氧化碳给系统增压，啤酒在端上桌之前流过冰盒，达到理想温度。这种杂物箱通常装在特制的塑料冷却器里，安装最为简便，也方便从一个地方移动到另一个地方。

酒吧则会在适当的位置安装相对永久性的设备。桶装酒从酿酒厂送来之后，就会放在合适的位置上，接上两根管子。第一根管子通向水龙头，第二根连接二氧化碳气罐，把含有碳酸气体的啤酒压出酒桶，从管道中流出，同时，二氧化碳填充了酒桶里的空间，让剩余的酒保存良好。啤酒龙头拧开后，啤酒就流出来了。短注（或直取）和长注系统使用的都是这样的设置方式，比临时唧筒更好。短注系统中包括生啤保鲜机（kegerator）或其他冷却设备（例如步入式冷藏柜或传统的制冷器），它们被放置在相对靠近啤酒龙头的地方。生啤管道越短，端上桌的啤酒就越可能保持新鲜。我见过短得不可思议的管道，从酒桶到龙头只有三英尺。

长取系统相对不太受欢迎，啤酒从酒桶到酒杯需要流过更长的距离。这不仅增大了污染的可能性，还会引起冷却问题和啤酒流失。我见过长达几百英尺的管道，铺了好几层楼（通常从地下室开始铺设）。管道越长，就越可能出问题。短注意味着在软管里停留的时间少。如果啤酒要流经几百英尺，那么倒入杯子的啤酒在两次抽取之间很可能是停留在软管里的。但愿管道是绝缘的，或者包裹了乙二醇外层，以防止受到温度变化的影响，但这可能没有你想象的那么普遍。停留在软管里时，啤酒还可能失去碳酸气体，不太鲜活。如果你知道哪家酒吧用的是长取系统，小心不要喝当天的第一杯酒，因为除非管道冲洗过，不然你喝到的就会是在管子里放了一夜的酒。

长取管道也不太可能彻底清洗，甚至不太可能经常更换。相当多的酒吧意识到了干净管道的重要程度，会在换酒桶时更换管子，或者起码用消毒杀菌剂冲洗管子。当涉及诸如把烟熏黑啤酒换成窖藏啤酒，或是含有小麦蛋白的酵母小麦啤酒换成无麸质啤酒时，上述操作就更为重要。有些州规定，至少每月清洗一次管道，有的州规定的时间间隔更短。尽管大多数酒吧老板和酒保知道如何操作，定期自己清洗，但通常清洗和更换管道是由饮料经销商或专业清洗公司完成的。这项任务非常费力，通常不会在大庭广众之下进行，因为在营业时段把生啤系统暴露在外面不太现实。对于顾客来说，喝了第一口酒以后不会去想啤酒系统，就证明管道是干净的。每当我去一家新的酒吧，听到他们夸耀自己的管道非常短时，我总是觉得很好笑（但也欣赏这一点）。

空气啤酒架（Rack AeriAle）是一种相对比较新的生啤系统，它把啤酒从木桶里直接抽出来，在流向标准的氮气龙头时向啤酒中注入氮气和二氧化碳。这种系统虽姗姗来迟，但由于现在酿造的桶陈啤酒越来越多，市场份额在不断增加。不过，现在只有在酿酒厂里才会见到这种系统，因为浸足了风味的、可多次使用的酒桶一旦离开保管范围，就会给酿酒厂带来极其昂贵的损失和极大的风险。从木制桶里把啤酒直接灌入杯子，是种乐趣。

有时候，酒吧和酿酒厂会打破常规，用生啤做试验。偶尔，你可能会碰到吧台上或啤酒龙头附近放着的兰德尔（Randall）。兰德尔是一种管道形状的奇妙装置，里面装满了配料，从巧克力到新鲜水果、生蚝、炸鸡都有可能。这个设计最初是为了给印度淡色麦芽啤酒增添额外的啤酒花风味，在 2003 年由角头鲨酿酒厂研发出来的。尽管这种装置现在仍用来加工啤酒花（尤其是每年夏末啤酒花丰收的时候），但是它已经演变成了融合食物和啤酒的设备。啤酒极客，特别是那些以永不终止的探索去寻找新的体验、扩展饮酒视野的人，向来热爱这种技术，不过兰德尔正在渐渐变成主流，开始出现于传统酒馆。有了它，酒吧能基于已有的产品发挥创意，老顾客也有新的东西可以尝试，哪怕只是一品脱。

如果你喝的是生啤，那么几乎可以肯定啤酒来自小桶[1]。美国的生啤酒桶有很多不同的容量，从 5 加仑到 15.5 加仑不等。我们见到的最常用的桶（酒吧里或后院聚会上用的）是 1/2 桶和 1/6 桶[2]，1/6 桶有时也叫作短桶。1/2 桶的容量为 15.5 加仑，或 124 品脱；1/6 桶的容量为 5.16 加仑，或 41 品脱。家庭酿酒通常喜欢用科尼桶（cornelius keg），容量为 5 加仑，或 40 品脱，起初是用来装软饮料的。科尼桶顶端有一个球锁阀门，很方便和龙头或生啤系统连接，而上述的其他几种酒桶都需要特制的

[1] 原文为 keg，此处指的是容量 30 加仑以下的小桶。——译者注

[2] 1/2 桶，英文为 half-barrel 或 half-barrel keg；1/6 桶，英文为 sixtel、sixth barrel 或 log。谈及啤酒桶容量时，keg 等同于 half-barrel。在 1/2 桶、1/6 桶等容量的表述中，“桶”的原文均为 barrel。——译者注

连接器。

专业酒桶更喜欢采用不锈钢材质，它坚固、耐用，能让啤酒保持凉爽，又不影响啤酒的风味。有时酒桶两端会用耐用橡胶包裹起来（或者将酒桶全部包裹起来），防止掉落或在运输中损坏。酒桶常遇颠簸，用橡胶包裹的酒桶能用一辈子。首先，酿酒厂清洗酒桶后将其装满。接着，装好的酒桶被运送到经销商那里，储存起来，之后再运送到酒吧里，供应给顾客。酒桶空了以后，经销商收回酒桶再送回酿酒厂，然后这个过程会再次循环。顺便提一下，清洗酒桶是一项过程艰苦、气味难闻、吃力不讨好的工作，也几乎是每个专业酿酒师最开始从事的工作。

几年前塑料酒桶流行过一阵，现在还有人用。它们看起来像传统的不锈钢桶，却只是便宜的替代品，这种酒桶的材料本身有害，着实不应该使用。酒桶在酿酒厂里和运输过程中会受到撞击，对酒桶产生压力。酒桶在清洗时，里面会充满压缩空气，而啤酒自身的碳酸气体也会产生压力作用于酒桶。极个别情况下，不锈钢酒桶在压力下会弯曲变形，造成开裂；而装得过满的塑料酒桶则可能爆炸，碎片四处飞溅。几年前，新罕布什尔州的一名酒厂工人因为塑料酒桶炸裂的一块碎片意外身亡。有些酿酒厂把爆炸后的塑料碎片保存了起来，嵌在墙上和天花板上，意在提醒人们贪便宜会造成恶果。

也就是说，现在能使用的一次性塑料桶危害比较小，比如夏天野餐时人们偶尔会带上的“派对猪”。现在有些酿酒厂在向其他州或距离较远的市场运输少量啤酒时，也会采用类似的系统，因为不锈钢酒桶无法很快运回来。这种一次性酒桶也是可以循环使用的。

让我们回到思想酒馆再喝一轮。只要我们随便瞥一眼，就能看到啤酒的颜色和清澈度，最好杯子顶上还有漂亮的泡沫。现在，让我们再靠近些仔细观察，留意杯子里的动静。

啤酒里的碳酸气体很容易被我们忘记，除非它在鼻尖上嘶嘶冒泡或者在舌头上激烈跳动，或者啤酒里明显没有碳酸气体。当然，光线穿透杯子时，细小的气泡从杯底纷纷浮上去，看起来很漂亮，但如果认为碳酸饱和就是杯子里的气泡则是对酿酒师和研究者的不尊重，他们用科学、激情和无数时间来保证啤酒最终显现出起泡的效果。碳酸化作用犹如啤酒中的火花，它能把香气传递出来。人们喝啤酒时，它起到的是搅拌的作用。它对啤酒的口感、外观（或因此缺少气泡）都有好处，能表明啤酒确实属于它应该属于的种类。

有证据显示，古时候苏美尔人的啤酒里就有泡沫，这表明碳酸化作用天然存在，碳酸气体产生于发酵过程中，酵母吸收了麦芽汁里的糖分，产生了酒精和二氧化碳。但过了几个世纪以后，到了密封的商业瓶装啤酒出现时，人们才享受到了每次开瓶时强烈的碳酸气体。又过了几年，随着分子科学的进展，酿酒师才得以把碳酸气体加入啤酒中。

碳酸气体的水平常以二氧化碳的含量来衡量，即啤酒中溶解了多少二氧化碳气体。含量因啤酒风格不同而变化，不过大多数啤酒的碳酸含量在 2.1 至 2.8，即每 1 个单位的液体中，溶解了 2.1 到 2.8 个单位的二氧化碳气体。桶装麦芽啤酒的含量较少，有些德国啤酒，比如小麦啤酒，还有一些比利时啤酒，比如兰比克（lambic）啤酒，它们的碳酸含量较多。作为参照，最常见的美国淡色窖藏啤酒的碳酸含量是 2.5。除了天然存在的碳酸化作用，现代的酿酒师还会在液体里溶入额外的二氧化碳气体。有些酿酒师会在未经高温消毒的瓶装啤酒里加入额外的糖或酵母，让啤酒二次发酵，从而产生更多的二氧化碳气体。二氧化碳的含量用每平方英寸磅数来测量，或缩写为 PSI，这是一种压力单位。压力是质量和温度效应共同作用的结果。拧开啤酒龙头（或瓶子、易拉罐）后，压力会释放出来，二氧化碳气体化为小气泡和液体分离，啤酒就嘶嘶作响，形成泡沫，散发出主要原料里令人愉悦的麦芽和啤酒花的香气。

对于酿酒师来说，包括专业酿酒师和家庭酿酒师，理解碳酸化作用和酿酒其他方面背后的科学原理至关重要，经常也会成为热情所在。了解一点科学知识对于我们喝酒的人也很重要，哪怕这些知识只是啤酒体验的背景知识。啤酒产业推动着风味的发展，细心的酿酒师会力保含有特殊配料的啤酒里的碳酸含量仍然符合相应啤酒风格的预期水平。我们现在都认为恰当的压力是理所当然的，但其实不久之前，酿酒操作指南还指导酒吧甚至家庭酿酒师，把所有桶装啤酒的二氧化碳含量都置为每平方英寸 20 磅，然后还要摇晃酒桶，轻轻搅动啤酒。简单地说，这种方法完全是错误的，没有考虑到风格之间的微妙差别，造成有些啤酒碳酸含量不足，而有些啤酒碳酸过多。幸好现在这个问题已经不存在了。如今有了公认的操作指南，使用便利的设备，人们对酿酒过程也更注意，酿酒师就能保证他们生产出来的啤酒里碳酸含量是合适的。这样，我们消费者就不会喝到太平淡或碳酸气体太多的啤酒，酒吧也能避免浪费酿酒师辛勤劳动的成果。

并非所有的碳酸化作用都相同。啤酒里的气泡有三种来源：天然的碳酸化作用、添加的二氧化碳气体以及氮气。在酿酒过程中，麦芽汁冷却后不久发酵槽里就会添加酵母，酵母菌开始发挥作用。它们吞食可发酵的糖分，把液体转化为酒精，同时释放出二氧化碳。这是天然的碳酸化作用。爱酒的人在这一点上要感谢一位法国发明家兼科学家，夏尔·卡尼亚尔·德拉图尔（Charles Cagniard de la Tour）。他在 1840 年左右发现是酵母让啤酒中发生了碳酸化作用。几十年后，路易·巴斯德（Louis Pasteur）出版了一本研究发酵和啤酒的书，当然，书里还包括巴氏消毒法。

从前，酿酒师只用酵母来产生碳酸化作用。我们很快会谈到，现在已经不再只用酵母了。然而，小批量的比利时啤酒仍然依靠天然的、来自酵母的碳酸化作用，还有其他几种历史古老的啤酒也是这样，它们不需要额外的催化。制作恰当的话，天然含有碳酸的啤酒产生的二氧化碳和添加碳酸气体的啤酒产生的一样多。还有一种观点认为，天然的碳酸化作用使啤酒口感更细腻润滑。

提到碳酸添加技术，大多数酿酒厂现在都在使用这种技术，想想家庭用气泡水机，就能理解它。酿酒师用专用设备控制二氧化碳的添加量，他们要保证啤酒里溶解适当含量的二氧化碳气体。啤酒温度在 60 华氏度以下时，二氧化碳效果最好。一个二氧化碳槽和一个控制器就可以完成这个过程：二氧化碳气体缓慢注入酒桶，液体慢慢吸收气体，达到最恰当的状态时会产生碳酸化作用。碳酸化的过程很慢，通常需要五到七天。啤酒既有了陈酿的时间，也不会导致过度碳酸化。这一点很重要，因为过度碳酸化的啤酒装瓶时会疯狂地冒出泡沫，甚至可能胀裂酒槽。

另一种在啤酒里添加二氧化碳气体的方法是使用碳酸挥发石或挥发器。挥发器很长，顶部宽大，形状类似火花塞。在自制啤酒的酒馆里这种东西很常见，它通过管子连接在二氧化碳气罐上，啤酒上桌之前，挥发器的管子通入低处的发酵槽里，二氧化碳气体通过挥发石（其实是不锈钢的）在逐渐增加的压力下产生细小的气泡，立刻就被水吸收了。碳酸挥发石渗透性很强，在使用之前千万不能用手触摸它，因为皮肤上的油脂会堵塞它的孔隙，使用效果就会大打折扣。

如果你喝过足够多的酒，特别是如果你长期固定喝同一种啤酒，那么在喝之前看一眼就能知道啤酒里面的碳酸含量是否合适。就像金凤花姑娘[1]，碳酸化作用既不能太弱也不能太强

[1] 美国传统的童话角色，喜欢不冷不热的粥、不软不硬的椅子，因此常用来形容“刚刚好”。——编者注

烈，必须刚刚好。

“恰好”当然是由风格决定的。美国大多数喝酒的人都认为啤酒里的碳酸化作用天然存在，他们一般说的是桶装麦芽啤酒。他们会说“缺少碳酸饱和”或者啤酒味道太淡。桶装麦芽啤酒一般都是通过手拉龙头灌到杯子里，或者直接从桶里倒入杯子，它在桶里经过了精心陈酿，不需要机器或现代化酿酒技术的帮助。

如果储存得当，桶装麦芽啤酒的天然碳酸化作用很微妙，气体在舌头上留下柔和的刺激感，和添加二氧化碳的啤酒那种更为刺激的感觉完全不同。桶装麦芽啤酒，也被认为是传统麦芽啤酒或真正的麦芽啤酒，它在很大程度上是日常生活用品。桶装麦芽啤酒酿好以后，转到金属桶（偶尔也会用木桶）里存放，再放入一些新鲜酵母。这个过程叫作二次发酵，既能使麦芽啤酒风味全面，同时酵母第二次吞食啤酒里的糖分，也会增强天然的碳酸化作用。酒桶存放在酒吧的地窖里，地窖的员工负责维持恰当的储存温度，通常为 55 华氏度到 57 华氏度，还要保证啤酒桶陈的程度达到酿酒师的具体要求。有时，桶陈只需要几天就能产生理想的碳酸含量，而有时则需要几周或更长的时间才能完成。绝不能小看地窖员工的重要程度，专业操作至关重要，它能保证消费者喝到最新鲜、味道最好的啤酒。

“桶装麦芽啤酒味道平淡这种观点是不对的，就这种最自然的分发形式而言，这种结论损害了啤酒的发展。”桶装麦芽啤酒专家亚历克斯·豪尔（Alex Hall）曾跟我这样说。豪尔同意其他一些人的观点，他们认为添加二氧化碳的啤酒里的气体有攻击性，和啤酒本身无关，会剥夺完整的口感。和这个问题相关的，还有现代桶装啤酒端上桌时的温度问题。桶装麦芽啤酒如果想要呈现最完满的风味，在上桌和饮用时都应该和地窖里的温度一致。如果低于恰当的温度，会丧失很多风味里的微妙细节，本来就很柔和的碳酸化作用也会减弱。不过，即使桶装麦芽啤酒处于最佳状态，因为大部分美国人习惯了冰凉、满是泡沫的啤酒，他们仍会认为桶装麦芽啤酒“温热而平淡”。不应该再这样想了，因为任何真正温热、平淡的啤酒都是无法饮用的，桶装麦芽啤酒在恰当的条件下带有柔和、天然的碳酸化作用，绝非他们所描述的“温热而平淡”。

传统的桶装麦芽啤酒受到了抨击，尤其是在英国，那里原来主要供应这种主流啤酒的酒馆，现在越来越多地供应桶装啤酒。新的酿酒厂更青睐现代配方和提供方式，因为这是年轻的消费者需要的东西。在伦敦这样的城市还能找到真正的桶装麦芽啤酒，但这种风格不再像以前那么常见，在过去的几十年里不断萎缩。

不过，起码还有一个群体致力于保留桶装麦芽啤酒的历史，想改变很多人关于它的联想。这个群体是“真麦芽啤酒运动”(The Campaign for Real Ale，缩写为 CAMRA)，是在 1971 年由一群忠实专一的啤酒爱好者建立的。他们从酒吧凳子上崛起，建立了这个组织来保护桶装麦芽啤酒的传承，促进它的消费，教育新一代人明白这种啤酒的重要性。

桶装麦芽啤酒虽然正在变成英国啤酒的同义词，但它的销量从二十世纪六十年代起就已开始下降。用压力桶装的窖藏啤酒和其他啤酒越来越受欢迎，瓶装啤酒销量增加，供应桶装麦芽啤酒需要的管理、空间和维持费用对于有些酒馆老板来说成了负担。桶装麦芽啤酒似乎很快就会绝迹。然而，“真麦芽啤酒运动”现在有近二十万名成员和两百多个分支机构，是代表麦芽啤酒和酒馆的最大的、完全由消费者组成的群体。他们定期就麦芽啤酒相关问题游说英国政府，比如税收、酒馆所有权、低于成本的烈酒销售等。他们是不可否认的政治力量。部分地由于他们的影响力，我们这辈子可能还不会见到桶装麦芽啤酒的消失。

“真麦芽啤酒运动”的成员频频被描述成穿凉鞋、蓄胡子的男人形象。这种描述通常不是赞美，也不再是事实，很多更年轻、更精干的成员加入了这个群体，包括不少女性。这个组织的成长更有力地证明了人们在乎他们的杯子里是什么啤酒，在乎啤酒来自哪里，在乎它存放处理的方式。

除了为桶装麦芽啤酒呐喊（最近增加了发酵苹果酒和梨子酒），“真麦芽啤酒运动”还会举办很多啤酒活动，包括每年 8 月的“大英帝国啤酒节”（the Great British Beer Festival）。他们还推出了一些啤酒主题的出版物。其中，《好啤酒指南》（*the Good Beer Guide*）给英国各地真正的麦芽啤酒酒馆评分，给最顶尖的酒馆颁奖。“真麦芽啤酒运动”最新的一个举动是推动酒馆出售更多当地酿造的麦芽啤酒。他们的倡议是“当地麦芽啤酒”（LocAle），他们阐述了选择自家附近酿造出产的啤酒有哪些优势，还有喝当地啤酒对消费者和行业的好处。他们明白人们想喝新鲜的啤酒，想知道啤酒的源头，明白人们愿意保护环境、支持当地的商业发展。

多亏有了“真麦芽啤酒运动”这类组织的努力，现在到处都有桶装麦芽啤酒，连美国都有。参加开瓶仪式时，你可能会亲眼看到一费尔金（firkin，9 加仑的木桶）的酒如何打开：将一根带有手动栓的插管用锤子敲进桶的前部，这样就可以手动倒酒。桶装麦芽啤酒还可以接在手动泵（或啤酒发动机）上。你肯定在酒吧里见过这样的桶，桶上盖着绝缘“毯子”：“毯子”里一般装的是冰，像个冰袋，可以防止啤酒温度升高，每隔几小时“毯子”就要换一次。

但是，因为没有英国那么浓厚的桶装麦芽啤酒传统，美国桶装麦芽啤酒存在一些问题。我们有数千家酿酒厂，其中很多酒厂声称有桶装麦芽啤酒项目，但只有个别酿酒厂的酿造方式是正确的或者类似传统方法。只有几个例外：巴尔的摩的猛烈海水（Heavy Seas）酿酒厂的桶装麦芽啤酒项目是完全忠于传统方法的，也就是说，如果你曾去过英国，那么你会发现每次你在这里点的桶装麦芽啤酒都和英国的正宗体验基本一样。不过，这样的酿酒厂在美国是少数。

其他很多酿酒厂把桶装储存的麦芽啤酒当成游乐场，结果常常很一般。他们可能会用一个普通的配方，比如印度淡色麦芽啤酒配方，不经过二次发酵就把它变成桶装麦芽啤酒。然后他们会加入一些辅助的风味配料，比如胡萝卜、姜，把这种东西叫作“罕见”或“限定版”啤酒。这种酒可能风味很好，但和传统的桶装麦芽啤酒相去甚远，也无法展现酿造桶装麦芽啤酒所需的高超技术。美国很多酒吧没有训练有素的地窖员工，这些酒桶的储存方式常常和二氧化碳桶一样，因此啤酒的味道会变得相当糟糕。

如果你喜欢咖啡和红辣椒混合味的黑啤酒，或者喜欢芝麻和酸橙味的桶装淡色麦芽啤酒，尤其是如果你已经是它们的基底啤酒的爱好者，去喝吧。活着就应该享受一下，只是千万不要叫它们传统的桶装麦芽啤酒。

我不知道桶装麦芽啤酒在美国是否复苏过。对于现代酒徒的选择来说，它太少见了。它的味道温和，麦芽味较淡，是略带花香和啤酒花味的英式淡啤酒或苦啤酒，喝起来会很愉快。它是对简单年代的回归，在饮用一品脱桶装麦芽啤酒时，喝酒的人要慢下来，尽情享受这种体验。它几乎与最新的时髦啤酒所得到的礼遇无缘，比如当前麦芽啤酒花风味的各式潮流啤酒。人们对桶装麦芽啤酒通常是后知后觉，它的诞生很大程度上依赖于少数专注热爱啤酒的灵魂，他们能欣赏一种不同的手艺，能享受静静喝一品脱酒的快乐。

如果说桶装麦芽啤酒相对平和，它的反面就会是氮气啤酒。氮气啤酒龙头里新鲜流出的深色麦芽啤酒是诗意的，几乎可谓是浪漫的。卡斯卡特啤酒花的效果令人着迷，细小的气泡如瀑布一般，慢慢地让步于深色液体，顶部蓬松的白色泡沫非常稠密，足以浮起瓶盖。

现在我们可以提出这个问题了："氮气是什么？"氮气（N_2）是给啤酒增添气泡的气体，这个过程叫作氮化作用（当然，碳酸饱和作用指的是使用了二氧化碳气体的过程）。相较于活泼、刺激的二氧化碳产生的效果，氮化作用使啤酒更细腻润滑。事实上，典型的氮气啤酒里的气体是 70% 的氮气和 30% 的二氧化碳。氮气基本不溶于液体，这就产生了浓厚的口感。有一种用于啤酒龙头的特殊设备叫限流板，它增强了氮气的特点，因为它会迫使啤酒在流入杯子之前先经过狭小的孔，这样啤酒杯上面会涨起很多泡沫。而且，真的只有杯子侧面的气泡会流下来。杯子里面的气泡其实在上升，就像任何碳酸饮料倒出来时常见的那样。

氮气风格一般和吉尼士联系在一起，因为这家酿酒厂发明了氮气啤酒。这是有道理的，因为它在开发、广告、产品植入上投入了无数资金，在全国各地酒吧里都安装了带有商标的氮气啤酒龙头。这些酒吧里的龙头由酿酒厂或当地的经销商负责维修，酒吧必须承诺这些专用的龙头只能用于吉尼士啤酒。较小的酿酒厂意识到了氮气啤酒对消费者的吸引力，他们一直想扩大市场份额，近年来也加入了氮气啤酒的快车，生产加入了混合气体、需要在品酒室安装专用龙头的啤酒。酒吧也照着学样，增加了独立的（没有品牌标记的）氮气龙头和配套的啤酒回转带。很难发现哪家小酒厂没有涉足过氮气啤酒，无论是生啤、瓶装的，还是易拉罐装的：塞缪尔·亚当斯（Samuel

Adams，波士顿），内华达山脉（加利福尼亚），六分（Sixpoint Brewery，布鲁克林），狡猾狐狸（Sly Fox Brewing，宾夕法尼亚），后院（Yards Brewing Company，宾夕法尼亚）等更多酿酒厂都在其中。

小型酿酒厂欣然采用这种方法的原因之一，是氮气可以使啤酒更复杂。而且，氮气啤酒倒出来时会吸引人们的目光。塞缪尔·亚当斯的吉姆·科赫（Jim Koch）把倒氮气啤酒称为“美妙的演出”。在上一章里我提到过，吉尼士最好的销售噱头，是酒吧的老主顾们看着酒保给另一位顾客倒吉尼士时的表演。这时候，自己也点一杯吉尼士的欲望就会因此变得非常强烈。我现在就想来一杯。

因为没有“氮气啤酒行业协会”或社团，所以生产氮气啤酒的酒厂数量也就没有官方记录。然而，由于罐装或瓶装啤酒的技术复杂（以及保密因素），酿酒厂规模越小，就越可能坚持提供生啤。需要装罐或装瓶时，充氮气的啤酒会用上一种专门的设备：一个装满氮气的小塑料球，瓶子或易拉罐打开时，这个小球会将气体释放入液体里。大多数包装上都有如何正确倒出这种啤酒的说明，但通常的方法都是打开瓶子后把啤酒立刻倒进玻璃杯里，这样啤酒猛烈的激流很快就变成我们熟悉的、向上涌出来的样子。随后，摇晃瓶子或罐子时，你会听到小塑料球在里面撞来撞去地滚动（除非酿酒厂把塑料球固定在包装底部）。

科罗拉多州朗蒙特（Longmont）的左手酿酒公司（Left

Hand Brewing Company）的核心系列产品里有一款牛奶烈啤酒。一种啤酒的标准二氧化碳版本上架一旦超过十年，酿酒厂就会开发自己的专利技术，生产这种啤酒的氮气瓶装版本。经历了很多次的试验和失败后，杰克·科拉科夫斯基（Jake Kolakowski）和马克·桑普尔（Mark Sample）这两名员工想出了办法。酿酒厂在 2011 年丹佛的全美啤酒节上首发了牛奶烈啤酒的瓶装氮气版本，一炮而红，很快成为酿酒厂的旗舰产品。

很多酿酒厂现在都会提供同一种啤酒的两种啤酒龙头：加入二氧化碳的和加入氮气的，并排放在一起。这两种风格差异很大，氮气啤酒质地细腻柔滑，味道分布更均匀，而二氧化碳啤酒对舌头更刺激，香气主要在前面。如果你遇到两种风格的同一种啤酒，可以做一下对比测试，这会很有趣。

敏锐的酒徒会发现，大多数（但不是全部）能加入氮气的啤酒基本上麦芽味更重，而非以啤酒花味为主。因此，相比印度淡色麦芽啤酒，更多出现在氮气啤酒中的是黑啤酒和烈啤酒。这是因为麦芽和氮气融合得更好。酿酒师并非没有尝试，但大多数酿酒师都发现了印度淡色麦芽啤酒和氮气混合以后，啤酒里重要的啤酒花油、香气和风味都会流失很多，原本能成为风格鲜明的双倍印度淡色麦芽啤酒的酒，变成了稀薄的淡色麦芽啤酒。不过，这并不意味着氮气印度淡色麦芽啤酒会消失。因为印度淡色麦芽啤酒是最畅销的精酿啤酒，酿酒师不断地寻找新的方式把印度、淡色、麦芽这几个字放在顾客面前。吉尼士生产了一种氮气印度淡色麦芽啤酒，塞缪尔·亚当斯也在全国发售了一种氮气印度淡色麦芽啤酒（因销量太低而撤出市场），各个地方的自酿啤酒酒馆都会定期试验这种啤酒。消费者的评价揭示了这种风格的真相，氮气印度淡色麦芽啤酒被一致认为香气不好、味道差。而烈啤酒、苏格兰麦芽啤酒、大麦酒、小麦酒，甚至酵母小麦啤酒都和氮气结合得很好，也让人们长久以来熟悉的风格多了新的深度。

最终，混合氮气倒出的啤酒按照这种方式供应。把一桶普通的二氧化碳啤酒，比如美国浅色窖藏啤酒，连上氮气龙头，对啤酒没有任何好处。鉴于生啤系统起作用的方式，氮气和二氧化碳混合对大多数风格的啤酒都没有好处。如果有人不明智地把氮气系统用在了不合适的窖藏啤酒和麦芽啤酒里，他们很快就会发现桶里的啤酒二氧化碳含量不足，没几天味道就会变得平淡。

无论碳酸饱和作用系统是通过木桶注入二氧化碳，还是氮气，目的都是得到碳酸饱和适度的啤酒。大量啤酒以生啤的形式出售，所以酿酒厂、酒吧老板和生啤系统生产商共同努力，保证每品脱啤酒放到顾客面前时，碳酸饱和程度都能够符合预期。碳酸气体过多会让人生厌。但是，当然，最可怕的是平淡的啤酒。没有恰到好处的开瓶声和气泡嘶嘶作响，这种啤酒基本是无法入口的。

我们曾讨论过香气是品尝啤酒最重要的一个方面，还记得吗？碳酸饱和作用帮助香气从啤酒下面上升到表面，上升到我们的鼻孔里。啤酒花、麦芽和酿酒师在这批酒里使用的其他东西的香气在嗅觉里复苏，我们能预感到将要喝到什么。

你可能会好奇，就像我之前一样，二氧化碳本身有没有味道。

“我们很容易认为，啤酒基本上是啤酒花和麦芽。实际情况要比这复杂得多。碳酸饱和作用为啤酒增添了酸度，”兰迪·穆沙说，他是芝加哥的一位作家兼啤酒顾问，“啤酒具有柔和的酸度，但碳酸又进一步增加了它的酸度。”

为了深入拓展话题，我们以美国浅色窖藏啤酒作为例子。碳酸饱和作用是这种啤酒所提供的最强烈的感官体验。它几乎没有啤酒花的味道，也没有太多麦芽味，甚至连酵母的味道都很微弱，留给我们的是碳酸味，而且味道很重。碳酸饱和作用的程度适合这种风格，但在其他风格的啤酒里，一点点碳酸饱和作用的刺痛感就足以刺激味蕾，我们在尝到浓厚的啤酒花味和麦芽味的同时，也能感觉到舌尖上的气泡。碳酸饱和作用对于啤酒的口感也至关重要，在某些情况下，它是啤酒力求获得的最有趣的东西。

我们还应该留意，碳酸饱和作用也可能是酒吧体验欠佳的警示信号。由于卫生问题（无意造成的）和广告宣传（有意为之的），两个问题可能反复出现：碳酸粘在杯子里面，形成窗帘似的外观；冰冻过的杯子刚从冰箱里拿出来就用，杯子边缘和周围侧面会结有冰块。

每当你见到有气泡贴在杯子内壁，就表示啤酒和杯子之间有东西——不该出现的东西。可能是肥皂残留、杯口的口红、洗碗机残留的食物、清洗后残留的消毒剂。最糟糕的情况是以上所有情况日积月累。也就是说，杯子是脏的。

无论是哪种玻璃类型或形状，或杯子里装的是什么，绝不是用脏杯子装饮料的借口。对此你会说，“当然啦，我知道”。但脏杯子出现的次数比你想的要多，很多人并不知道他们喝酒用的是脏杯子，哪怕杯子就放在他们面前。

即使选酒严肃认真的酒吧，也可能会给顾客端上脏的玻璃杯。不久前，我去家附近的一家酒吧，这个地方平时并不在我的选择范围里，但店里的啤酒龙头的选择很广泛，还有很多电视机，是个看球赛的理想地方。那天我在等一个朋友从火车站出来。我坐在空荡的酒吧里点了一杯窖藏啤酒。美式品脱杯端上来时，我费了很大力气才能看到里面金黄稻草色的液体，因为碳酸气体在杯子内壁聚了厚厚一层。

杯子里惊人的污垢无疑累积了很久，杯子几乎都已经不透明了。端给我脏杯子的酒保正在和他的一个同事说着最近他拿下的一笔啤酒交易，吹嘘自己“认真的啤酒极客信誉”。这显然是个懂行的人。我向他示意，告诉他我要退回这杯啤酒，他不但不承认杯子是脏的，反而说我对于啤酒风味没有经验，说我不喜欢这款“精酿窖藏啤酒”的口味。不是人人都能欣赏它，他告诉我，这杯啤酒钱他一定得收。我那爱尔兰人的脾气上来了，我告诉他，不是味道的问题，他的问题是用脏杯子装了本可能很好的啤酒。他局促不安地收回了那杯酒，想再给我一个干净杯子，但我已经倒了胃口，直接离开了那里。几个月后，我知道那是我的极端反应。但生命短暂，啤酒美好，实在不该用有污垢的杯子喝啤酒。

我对这个话题的情绪尤其强烈。如果我花了钱买啤酒，我会期待无论点什么啤酒，都应该合乎卫生条件。然而，因为碳酸饱和作用是啤酒的天然特点，有些人认为粘在杯子上的气泡是啤酒体验的一部分，或者只是看着好看。我甚至在啤酒广告里见过黏滞的碳酸气体，这意味着啤酒生产商自己有时也意识不到这个问题。不久前，我看了一部关于两家小型酿酒厂及其面临的挑战的纪录片。其中一家酿酒厂开业当晚的录像中拍到了一个带有商标的品脱杯，杯子里装满了啤酒（你应该猜到了），玻璃杯内壁上粘着碳酸气体。

我们已经能够从啤酒龙头里喝到品质良好的啤酒，这是很大的进展，但是其他方面还有很多要改进的地方。在餐馆里，如果你的叉子上有之前用过留下的黏糊糊的东西，你会要求换一把干净的叉子，对吗？作为受过教育的啤酒爱好者，我们也应该为自己说话。如果喝酒时碰到了脏杯子，倒不必大吵大闹，但你应该找机会指出来这个问题，并说明为什么脏杯子让你反感。我赞成当面去说，有礼貌地说，而非在社交媒体上谈论或在 Yelp [1] 等点评网站上发表评论。我自己这样做的时候，对方常有抵触，这是尴尬时的自然反抗，但通常人们都会把建议记在心里。但愿酒吧能重新评估它的供应过程。多亏现在有了各

[1] Yelp，美国综合点评网站，暂无通用中文译名，因此文中沿用英文名称。——译者注

种网站和培训项目，比如前面提到过的导游资格认证项目，它们教会了酿酒厂、酒吧和餐馆服务和清洁的标准。如果我发现某家酒吧反复冒犯顾客，我会去告知酿酒厂，一个备受信任的客户辜负了他们的啤酒。如果种种努力都失败了，我会用脚和钱包投票。

让我们回到各地酒吧的另一个常见问题上：冰凉的杯子。从冰柜里直接拿出美式品脱杯或带把手的马克杯，倒入啤酒，大量的泡沫会淹没杯顶。杯子上的冰和啤酒相互作用，让本来就是冰凉的啤酒快速降温，液体分解后产生出更多的泡沫。这可能意味着你喝到的啤酒不是酿酒师酿出的味道。

此外，如果把玻璃杯和其他物品一起存放在冰柜里，冰结晶时可能会吸收冰柜里残留的其他味道和香气。冷冻食品的表面干燥变硬，你是不会吃的，对吗？那为什么你要这样对待啤酒杯？

冰冻过的玻璃杯影响了啤酒的风味。对于百威淡啤酒这样的啤酒来说，冰冻杯子影响不大，因为它本身风味并不强烈，并且恰恰在冰冻临界温度时更容易入口。但冰冻玻璃杯对其他风格影响很大，比如热带烈啤酒或大麦酒。对于这些啤酒，全部的风味和细节在大约 55 华氏度或地窖温度下展现得最好。

这个问题有一个容易的解决办法：如果发现当地酒吧的啤酒马克杯或玻璃杯放在冰柜里，请他们拿一个没有冰冻过的杯子。通常都会有常温的杯子，侍者可能也不在意这些。

冰镇的玻璃杯，而不是冰冻的，则又不一样了。有些地方在上酒之前先把所有玻璃杯都放在冰箱里。再说一遍，取决于冰箱里存放的其他东西，你有可能会喝到变异的风味。冰镇玻璃杯没有冰冻杯子影响那么大，但是，杯子其实没有必要冰镇，尤其是如果啤酒本身冰镇存放，端酒时的温度也合适的话。冰镇杯子对酒相对无害，但终归无须冰镇。

如果你意外被奉上了冰凉的或者过凉的杯子，你的工具——双手，可以让它恢复正常。双手紧紧捧住杯子，把体温传递给它。杯子回温的速度比你想的要快（尽管你可能隔一会儿就要松开手休息一下）。

如果你仔细观察过某些品牌啤酒的电视广告，我说的这些可能会让你感到困惑。覆盖着白雪的洛基山上，米勒啤酒讲述着其“冰凉”的全过程，从发酵、装瓶到进入你的冰箱都是冰凉的。请记住，我们讲过酵母喜欢冰凉的温度，尤其是窖藏啤酒酵母，因此米勒酿酒厂所做的是酿酒的应有过程。但是广告希望让你认为啤酒是新鲜的，因此再三强调冰冻的温度。这对酿酒厂来说并不稀奇，窖藏啤酒就是这样生产的。

在一种情形下，啤酒与冰凉的温度相得益彰，那就是德国冰啤酒（eisbock）。现在有些酿酒师用制冷设备制造冰啤酒，但传统上，这种啤酒制造于冬天，严冬时节里有时连续多天气温都在冰点以下。酿好了传统的高浓度窖藏啤酒（bock beer）之后（通常酒精含量是6%），酿酒师把啤酒放在低于冰点的环境下，直到水和酒精分离。去除了水分，剩下的浓缩啤酒就可以喝了。这种啤酒最终的酒精度一般是传统啤酒的两倍，风味浓郁，常带有更浓的水果味和甜甜的焦糖味，小酌时味道最好。酿造冰啤酒费时费力，不常生产，所以如果你遇到冰啤酒，尤其是在 1 月或 2 月，当你需要用什么东西来驱赶深入骨髓的寒冷时，千万别错过。

是时候提出一个极其平常的问题了：我们可以在苏打水、矿泉水、鸡尾酒和其他饮料里加冰块，为什么不能在啤酒杯里加冰块呢？首先，你可以把冰块放在啤酒里，但你不应该这么做。理想状态下，啤酒应该在正确的温度下饮用，也就是说，它已经是冰凉新鲜的。如果你感觉想加冰，那么你得到的啤酒就太温了。另外，冰块融化时会稀释啤酒，搅乱配料的原有比例。仅有的例外可能是柠檬汁啤酒或雪碧混合啤酒，这类夏季饮料通常是一半果汁，一半啤酒。在 80 多华氏度的炎炎夏日里，我们都希望尽可能凉爽，来一杯这种“啤酒鸡尾酒”，加上几块冰，美妙又清新。

啤酒还要避免暴露在高温下。酿酒师花了很多时间做试验来决定啤酒端上桌时的完美温度。把酒桶暴露在温暖的气温或正在升高的气温下（像是端酒时把它从冷藏间拿出来），二氧化碳气体和液体会分离，导致大量的泡沫产生。有些酵母的醛类物质或香气也会分解，在热应力作用下啤酒的味道会变得糟糕。

希望你不会遇到把酒杯放在烤箱里的地方，但你可能会遇到摸着热乎乎的杯子，那是因为杯子刚从洗碗机里取出来，被热蒸气吹过。如果你看到杯子刚从洗碗机里拿出来，马上要端到你面前，最好等一等，过几分钟再点下一轮酒（玻璃杯冷却很快），趁这个时间在两轮酒之间补充些水分。

避免啤酒遭遇高温这个原则，有一个例外（也是我见过的唯一例外）：奥古斯特·谢尔酿酒厂（August Schell Brewing）每年 2 月中旬都会举办高浓度窖藏啤酒节，在工厂位于明尼苏达州新阿尔姆（New Ulm）的林地，明尼阿波利斯西南方两小时的地方。人们从全国各地来到这里品尝这种烈性的高浓度窖藏啤酒。大家都站在气温接近零下 20 华氏度的室外。为了让人们暖和一点儿，啤酒节的这片地方会点起篝火。看管火堆的人会应大家要求，从火焰里抽出滚烫通红的拨火棍，插入啤酒里，啤酒剧烈地冒出泡沫，温度也上升了几度，喝下去就变得稍微容易一些。作为意外之喜，啤酒里剩余的糖分在杯子里变为焦糖，有种烤棉花糖的效果。这就是在正确地方的正确体验。但不要在家里尝试。

第六章　啤酒里的阴影

过去的二十年里出现了更多的酿酒厂，啤酒行业随之发生了巨大的变化。啤酒爱好者的群体迅猛扩大。一些高端餐馆现在会提供令人印象深刻的啤酒酒单，棒球场供应的啤酒比以前更好，主流电视广播公司也有几个电视节目拍摄记录了酿酒厂的历史和酿酒过程。过去，只有小众的出版物和网站才会记录啤酒的日常，而现在主流媒体也会定期报道啤酒行业的商业和文化。报纸上刊登啤酒评论，电视上播放季节性啤酒的节目片段，都不再是罕见的事。这么多的酿酒厂提供了这么多的选择，现代啤酒运动这个现象已经无法忽视。

不过，虽然有了这么多好的发展，如果更多的后来者要加入这个群体，还有很多事情要做。我说的并不是寻找吸引更多人的风味，而是培养能包容所有人的环境和态度，不是只接纳一部分人。啤酒行业目前的主导者是男性，主要是白人男性。我知道这个事实是因为我自己是一个报道啤酒行业的中年白人男性。参加啤酒活动、会议或其他的行业聚会时，房间里的人看起来都跟我很像（除了我没有胡子）。酿酒厂的员工基本上都是男性，所以当不时出现贬低女性的啤酒名、商标、活动和工作环境时，并不让人意外，这很遗憾。

我说的是像“内裤脱衣舞女”（Panty Peeler）、“美臀”（Phat Bottom）这样的啤酒名。平权运动在多个领域的前沿激烈进行，而现在的酿酒厂和啤酒却远远落后于时代。看，我不至于天真得以为性不好卖。啤酒一直利用女性来推销产品。二十世纪七十年代和八十年代，甚至九十年代，广告牌和杂志广告常会用穿着比基尼的模特推销浅色窖藏啤酒。时间再倒回去一些，在二十世纪四十年代和五十年代，啤酒广告有时以“贤良主妇”为中心做文章，因为她们给丈夫提供了男人真正想要的东西：“他们最爱的啤酒”。不过，这些广告和标签整体上并不低级。它们歧视性别，是那个年代的悲哀的标记，但不低级。不幸的是，在相对较近的年代，一些啤酒标签其实很低级，一点儿都不聪明。我想起肯塔基州的路易斯维尔有一家酿酒厂，叫“格格不入”(Against the Grain)，它生产的一款棕色麦芽啤酒叫“棕色音符”。标签上的漫画描绘了一条有污垢的内裤，不仅如此，酿酒厂还宣称这款啤酒“太棒了，棒得你会拉在自己裤子上!!!”(So good it WIIL make you shit yourself!!!）广告词里的大写字母和惊叹号都是他们的原文。真让人哀叹。

在2016年的精酿啤酒年度大会上，作为小型独立酿酒商的成员组织的酿酒师协会召开了一个记者招待会。招待会上，协会的领导者宣布了行业增长和各项创新的好消息，同时也对“大啤酒”对行业和消费者可能造成的危害发出了警告。在媒体成员提问环节，作家（也是我的朋友）布莱恩·罗斯（Bryan Roth）提了一个关于多样性的问题。他问道，酿酒师协会采取了哪些举措，让小规模酿酒商更明白、更支持“包容性、多样性，无论是种族、民族还是性别身份”？

对他的问题的回应，是酿酒师协会职员的模糊陈述，从经济说到地理，认为对啤酒行业要乐观，同意进行必要的改进［从那时起，协会就公开宣称他们计划研究行业里的性别和种族问题，探索能否在公平和对这些问题的关注程度上有所改善，还说他们已经采取了一些初步行动。行业成员组建了一个专门的小组委员会，密切关注这些问题，2017 年他们宣布，如果在全美啤酒节上有任何取了令人反感的名字的啤酒获奖，那么在颁奖典礼上这个名字都不会被宣读出来。协会还任命了第一位多样性大使，J. 尼科尔·杰克逊 - 贝克汉姆（J. Nikol Jackson-Beckham）]。

开放论坛里很少讨论啤酒行业的包容性和平等问题。过去我在写报道时曾经发现了一些问题，但当时不太清楚如何提出问题——明确地说，是关于有些酿酒厂在啤酒名称和商标中对待女性、描绘女性的方式。他们会选择一种风格的啤酒，比如金色啤酒或琥珀啤酒，通过某种方式把它和性（通常关于女性的三围）联系在一起。这不是什么新问题，已经隐藏了相当长一段时间，偶尔引起一些关注。有些喝酒的人在网络上指出这个问题，表达愤怒；有些人则对此耸耸肩；还有一些人会指责这些评论。然而，鉴于全美国的政治对话都集中在当今社会如何对待女性——更不用说在美国日常生活中，充满了排他情绪、种族主义、恐同情绪——如果不站出来大声呼吁人们行动，就是错误的。

在这个进步、科技、开明的年代，为何酿酒厂还会生产有歧视侮辱含义名字的啤酒？比如“一旦你试过黑人或脱丁字裤的人”？或是暴徒精酿啤酒（Mob Craft Beer）向公众征集来的名字“约会葡萄柚”[1]？说句公道话，这家在密尔沃基的酿酒厂在人们指出这个名字可能会有冒犯性之后，立刻撤回了，他们道歉并承诺切实进行编辑检查和权衡，以避免再次造成难堪和伤害。

如何判断啤酒标签是否越界？和摄影作品很像，你看到的时候就会知道。性可以得到赞美，人的形体可以被欣赏，并且，毫无疑问，性永远很有市场。

对于我来说，这个问题的爆发点出现在我女儿出生几个月之前。妻子和我去阿拉斯加度假，坐了十个小时飞机之后，我们租了一辆车去当地一家酿酒厂，我去喝一杯，艾普尔去吃饭。进去之后，我们发现这家酿酒厂生产的招牌啤酒是一款比利时风格的三料啤酒，叫作“内裤脱衣舞女”。它的酒精度是 8.5%，不算淡。酿酒厂的说法是，这款啤酒原本名叫“极度极性白棺材”，却得到个绰号叫“脱内裤”，最终他们正式改换了标签上的名称。言外之意非常明显，而我自己的女儿将降生在这样一个会宽恕这种观念的世界里，这让我着实感到不安。这家酿酒厂站在他们自己的角度，声称这款啤酒是在庆祝女性独立（要注意的是，这家酿酒厂的厂主是女性）。但不管怎么说，我都倍感困扰。我清楚地知道自己的文化和种族背景，站出来表达态度时会激起某些敏感情绪，我很犹豫下一步该怎么办。

---

[1]“约会葡萄柚”原文为 Date Grape，和“约会强暴”（date rape）形近。——译者注

这是一个仍然由男性主导的行业，雇员和顾客都以男性为主。这一事实在某些方面制造了真空操作的可能。陈旧的想法、不受约束的幼稚行为、缺乏平衡，在某些圈子里，这些情况助长了拿女性打趣的态度，他们莫名地认为女性低于男性或只是物件。这样的看法早就该根除。

那时，我还是《关于啤酒的一切》杂志的编辑，我们决定从编辑的角度表明自己的立场。我向其他员工说明了原因，这家杂志建立的目的是全方位地报道啤酒行业。我们负有社会责任去站出来反对对社会成员的歧视，无论这种歧视是关于性别、宗教、性取向还是种族。我们想为下一代啤酒爱好者尽到自己的责任，让他们能把精力集中在啤酒的乐趣、风味和未来上，不会因为目光短浅的偏见而停滞不前。因此，我们决定，我们的杂志和网站不评论或推广那些名字或标签歧视女性、宣扬强暴文化（rape culture）的啤酒。

我们并非第一天采取这样的立场。多数情况下，此前我们就已经避免报道或评论取名粗俗的啤酒——除非它们除了名字以外的其他方面值得报道。我们明白，奖励幼稚的行为没有任何好处，实话说，粗俗的名字往往会分散人们对啤酒低劣品质的注意力。我写了一篇署名社论，在结尾处我写道："歧视女性、物化女性在社会上和啤酒标签上都没有立足之地。"

这篇文章迅速得到了回应，观点五花八门。啤酒行业里的女性和开明人士称赞我的观点，还在社交媒体上分享这篇文章。很多人指出，他们已经为这个问题呐喊多年，但是需要一个有媒体影响力的人把信息传递给消费者。而在硬币的另一面，来自保守派媒体的人则攻击我们的杂志、攻击我个人（某个右翼博主给我起了绰号叫“道德警察局长”）、攻击我们的员工，试图全面打压啤酒界的自由言论权。也有些人单纯指责我们没有幽默感。

我个人的脸书（Facebook）页面遭到陌生人的攻击、指责，其中有一个人用了假名，说我可能会喜欢名叫“口交基佬”的啤酒，因为我就是那样的人。我住的城市的一个酒吧老板给我写了电子邮件，他说：“伙计，这可能是我见过最恶劣的事。算了吧，你让我失望。”不过，我倒不介意这封邮件。我早已不再去他的酒吧了，因为他们把好啤酒装在脏杯子里。

当了很多年直率的新闻记者，通常我会远离争论，几乎从来不在公开出版的文章里发表个人观点。发表那篇社论之前，我曾表达过对其他几个问题的立场，但没有哪个像这篇评论一样影响广泛。我对它引发的冲击感到惊讶。但更重要的是，我以一种新的方式明白了朝我砸过来的批评和诨名对于在啤酒行业工作、报道啤酒行业的女性来说毫不新鲜，她们多年来都在谈论、撰写、反击这些问题。这样看来，这次的体验可谓发人深省。

我确实认为，酿酒师选择了那些名字只是因为他们没有停下来思考，没有想过事情的后果和更大的社会背景。他们在工作中接触的都是和他们一样的男人，很难突破环境限制。因此，他们应该去酒吧看看。因为尽管啤酒行业仍是由男性主导，但酒吧里喝酒的女性和少数群体越来越多。如果酿酒厂成了新的酒吧，它们确实是新的酒吧，在酒吧里四处看看，你会发现城市或镇子的多样化的真相。女人和男人，年轻人和老人，各行各业、各个群体的人聚在酿酒厂喝酒，这时你会确信，要么那些排他的啤酒名或是那些把性别、性征和侮辱当笑话的啤酒名必须改变，要么想出了这种名字的酿酒厂就应该关门。最终，特别是在当下觉察力超强的社会气候里，消费者会用钱包投票。

很多啤酒名没那么侮辱人，它们是有趣的、有信息含量的或者就是合适的，仅此而已。但那些确实存在的、攻击性的名字凸显出这些问题在生活中无处不在。无论你如何喝酒，无论你在哪里喝酒，啤酒都是一种社交饮料，无关性别、性征、种族、宗教信仰、政治观点。人们聚集在一起，应该是一种具有包容性的行为，同时也会提升啤酒带来的享受。啤酒是我们解决国家大事时应该喝的东西（记得开国元勋们吗）；它不应该用来指代文化问题。所有参与啤酒文化的人都有责任让啤酒的标签、它背后的道德观、酿酒厂的意图符合进步的社会标准——鼓舞所有人、从不贬低任何人的标准。

啤酒行业对女性的性欲化是一个持续了几十年的问题，而事实是，尽管禁酒令八十多年前就被废除了，这个国家对酒精仍有其他担忧。有些忧虑源于清教徒观念或道德宗教标准，有些则出于健康或社会准则的考虑。其中一个问题是关于合法饮酒年龄的争论。

我们都听过这样的辩论：既然 18 岁的人能作为战士去海

外打仗，既然18岁的人能合法地买香烟、买乐透、投票，为什么不能买啤酒？

答案比你想的有道理得多：美国国家卫生研究院（National Institutes of Health）称，交通研究清楚地显示，合法饮酒年龄提高时，饮酒导致的年轻人死亡数量就会下降。应该还有很多人记得，曾经有段时间18岁就能合法饮酒。1984年，国家最低饮酒年龄法令（the National Minimum Drinking Age Act）颁布，全美国50个州的合法饮酒年龄一下子提高到了21岁。和其他很多酒精生产和消费的限制条令一样，这一举措是出于安全考虑，主要目的是减少酗酒驾驶。

请不要误会：任何人都不应该在身心受到影响时开车，无论这影响是来自啤酒、葡萄酒、烈酒、药品、大麻还是其他任何能改变人体状态的东西。坏事会发生，肯定会发生，而这种事故其实很容易就能避免。但是附加的法案和条令没能阻止酗酒。满21周岁现在成了一种仪式，年轻的成年人常常在这个生日过量饮酒，因为他们能喝酒了。这种行为也不健康。

我认为我们需要做的是更好地教育人们如何控制饮酒，对于青少年，我们对待酒精的态度应该更开明一些。这并不是说我们应该给未成年人整杯的啤酒或葡萄酒，而是应该以负责任的方式允许他们在年纪较小时尝试喝酒，让他们知道这是餐桌文化和社交经验中的有益部分。这样可以让未成年人在未来的生活中更有责任感，也会引导他们尊重而不是滥用酒精。我们应该让酒精成为生活中能接触到的、正常的东西，而不是像藏伊甸园之果那样需要遮遮掩掩，这样，喝酒就不再是背着父母偷偷摸摸进行的事，更像是一种可以分享的体验。这就是现代的酿酒厂让我喜欢的一点，它们是家庭的聚会地点。如果小孩在成长过程中见到的是负责任的饮酒行为，认为酒和特殊场合或有趣的经历有关，那么他们到了合法饮酒年龄时，就更可能会尊重自己应承担的责任。

我想简单讨论一下另一个问题，可能争议更大：孕妇偶尔喝点儿啤酒。你应该严格遵照医嘱，我妻子的妇产科医生告诉她，怀孕头三个月过了之后，偶尔喝点儿成年人的饮料完全没问题。孕期过量饮酒必然会对胎儿有害，应该避免。但孕期即使适量饮酒仍被当成大忌，虽然这并不违法。任何供应酒的地方都会挂出告示（常常画一个孕妇的轮廓，手里拿着酒杯，画面上画一个超级大的红色叉号），警告存在健康风险。

要知道，几个世纪以来，在我们学会对水消毒之前，低酒精含量的啤酒曾是儿童、老人和孕妇首选的饮用水来源。在爱尔兰，烈性啤酒曾被叫作“母亲的乳汁”，麦芽和酵母中的某些养分其实对身体有益。然而，啤酒的污名确有其事，一个明显怀有身孕的女性在酒吧或餐馆里喝成年人的饮料，很有可能招来旁人的鄙视或直接的评价。现代啤酒运动缓解了这种情况，因为总体上，酿酒厂是孕妇的“避风港”。我和一些女性讨论过这个现象，包括我妻子，她们说这主要是因为当今酿酒厂的员工和管理人员（还有客户）思维超前，更倾向于让女人自己做决定。在酿酒厂喝杯啤酒，孕妇得到了享受，又不会听到说教式的议论或看到别人嫌弃的表情。有些女性选择在孕期戒酒，有些选择适量饮酒。如果你属于后者，酿酒厂将是你休息的好去处。

对于孕妇和其他所有人而言，饮酒只有在超量时才有风险。我记得几年前在全美啤酒节上，看到一个家伙穿了件短袖衫，上面印着“喝精酿不是酗酒，是爱好”。酗酒和爱好之间只有一条细窄的界线，你没有每天晚上喝 6 罐啤酒，不能说明一切正常或你的摄入量是健康的。酗酒很难说清楚，也难以处理。虽然有些人可能错误地认为，酗酒只发生在极度贫困或心情沮丧的人身上，但根据《JAMA 心理学》期刊 2017 年刊登的一项研究报告来看，事实上，它影响了美国 12.7% 的人。也就是说，酗酒影响了家人、朋友、邻居，包括专业人士和各行各业的人。由于喝啤酒的人会会聚成交织紧密的社群，我们有责任知道喝酒的同伴什么时候喝得够多了，如果我们担心某人可能出问题，我们有义务去寻求帮助他们的方式。如果我们自己有问题、需要寻求帮助，我们需要发掘出自身的力量去承认这一点，和帮助别人一样。

既然谈论到过度饮酒的相关问题，我们现在应该指出，“啤酒肚”这个名词的存在是有原因的。考虑到卡路里和碳水化合物，啤酒可不是水。它相当于能喝的面包！如果你爱喝啤酒，你就有需要买新裤子的风险。然而，尽管酿酒厂的数量不断攀升，啤酒节和酿酒场所里的种种趣闻似乎暗示着，很多酒徒都在非常努力地控制着腰围。长久以来，喝啤酒的人的体形都和电视剧《干杯酒吧》（*Cheers*）里的诺姆（Norm），或是荷马·辛普森（Homer Simpson）联系在一起，但他们现在比以往更爱运动了。部分原因要感谢作为生活方式的运动：骑车、滑雪、飞碟高尔夫、跑步，这已经成了酿酒厂员工生活中的一部分。

也就是说，我在啤酒节上观察得越多，我就越发觉得自己现在是少数派，和很多参加同类活动的人相比，我不太健康。有些啤酒爱好者变成了超重人群，包括我自己，啤酒也已经成了和体育活动相关的社交活动的一部分，它会被当作艰苦锻炼的奖励。酿酒厂在周末开门营业的正常时间之前，会举办瑜伽课程，或者赞助跑步、骑车俱乐部。人们还可以参加啤酒厂之外的活动，比如“啤酒英里”：跑一英里，在每个 1/4 英里处你将得到一满杯啤酒的奖励。

不过，啤酒终究不太健康，无论我们有多一厢情愿地相信当地新闻里的个别研究，坚称几杯啤酒会让你更长寿。事实是，如果你想既能定期喝啤酒，又能保持健康，你需要找到运动和消耗之间的恰当平衡。我从高中时就和体重苦苦斗争，但在我的妻子、同事和朋友这些人的事例激励下，我腰围的数字开始变小。我每天散步，暂停几天饮酒和品尝样品（这份工作需要品尝大量啤酒），喝很多水。我还会注意饮食。喝了几轮之后，点汉堡和薯条吃太容易了，比吃沙拉容易。但是，因为世上还有很多美妙的啤酒和很多新的地方有待探索，我想活得久一些，去体验生活中美妙的东西，同时还要保持健康。

太多的人都在和体重做斗争，我也一样，花了很长时间才变成现在的状态。我知道这样的人不止我一个，对那些在同一阵营里的人来说，做出积极改变的最好时机就是现在。你的目标是：让啤酒只是作为健康生活方式中的一部分。如果你需要减轻几磅体重，想感觉更好，那么你就需要根据晚上外出、和别人一起喝酒、偶尔痛饮的情况来制订健身锻炼计划。如果你需要更多的激励，把你的伙伴们也拉过来，一起行动。制定目标，把特殊的啤酒作为奖励。我们都能变得更健康，能享受好的啤酒，而且不必独自一人做这些事。

我们也不必为喜爱尖货啤酒而妥协。几年前曾有一系列书，极力鼓动人们吃“这个”、喝“这个”，而不要吃“那个”、喝“那个”。这些书的推手是《男士健康》（*Men's Health*）的编辑，他有一次在早晨的《今日》（*Today*）节目中拿出一瓶内达华山脉酿酒公司的“大脚怪”（Bigfoot）大麦酒，这种 12 盎司一瓶的厚重、浓烈的好酒只在每年冬天发售。他惊讶地说，这瓶酒里全是卡路里。别喝这种酒，要喝就喝米凯罗低卡小麦啤酒（Michelob ULTRA）。他真诚地建议说，一瓶 64 卡路里的窖藏啤酒和浓厚的大麦酒不相上下！

他完全不得要领。你喝米凯罗低卡小麦啤酒根本不是喝风味，只是为了补充水分，或者诚实地说，这种酒喝多了能喝醉，但不会给人壮胆。“大脚怪”风味浓郁、细节微妙，在一天结束时喝上一瓶，不会给你的卡路里限制带来太大的问题，只要你能把其他方面控制好。建议喝酒的人退而求其次，用“低热量”啤酒代替更醇厚的啤酒，这是愚蠢的观点，就好比建议用安德烈冷起泡酒（André Cold Duck）代替克鲁格香槟（Krug），只不过因为前者更便宜。想要放纵一下的时候，你肯定要喝好的香槟。

不要以为只有窖藏啤酒的酿酒厂才兜售低卡路里啤酒，狗鱼头酿酒厂有一款“冷却海水”（Sea Quench）麦芽啤酒，对它的描述是“4.9% 酒精含量，用酸橙汁、酸橙皮、酸橙干和海盐酿造的阶段酸啤酒”。酿酒厂的新闻稿里把这款啤酒定义为“低碳水、低卡路里，独立精酿啤酒，风味十足”。《男士健康》认为它是 2017 年度最佳低卡路里啤酒。其他酿酒厂也开始效仿。威斯康星州密尔沃基的湖畔酿酒厂（Lakefront Brewery）2018 年向市场上推出了一款 99 卡路里、混合了绿茶的啤酒。“很难制造出一种味道上乘、酒体饱满、热量这么低的精酿啤酒，”迈克尔·斯托多拉（Michael Stodola）在一次媒体发布会上这样说，他是湖畔酿酒厂的品牌经理，“我们的首席酿酒师卢瑟·保罗（Luther Paul）和他的团队成功地酿出了这种啤酒，降低了卡路里，调出了美妙的绿茶风味。我们用的酵母很棒，是一种以柑橘味为前味的‘多汁’酵母，我们加入了柠檬糖味的啤酒花及大量绿茶和乌龙茶，绝不是便宜货。这是一款高品质的精酿淡啤酒。”估计会有更多的酿酒厂采用这种表达方式，探索开发低卡路里的啤酒，在力推风味包装时吸引特定群体的顾客。

真相是，任何风格的啤酒过量时都会导致出现可怕的啤酒肚。我觉得如今的啤酒有一个优点，就是酿酒厂意识到了这个问题，经常赞助前面提到过的那些健身运动，尽力帮助消费者保持健康。是的，运动过后享受啤酒固然是乐趣之一，但这更是刻苦努力得来的一品脱啤酒，同时还有很多志趣相投的人互相陪伴。

尽管我们在喝啤酒时度过了美好的时光，我们还须谨记，最爱的产品周围潜伏着阴影。如果我们这些啤酒爱好者将喝酒的行为等同于快乐，我们也就有义务承担起责任，大声说出那些违背道德伦理准则的事情，理解并欢迎所有走进酿酒厂、酒吧或来到我们家里的人，帮助那些与过量饮酒做斗争的朋友和家人。

赞美啤酒，是的。但要保证其中种种都是包容的、负责的，值得尊重的。如若不然，请大声说出来。

第七章　在家喝啤酒

虽说我很喜欢在酒馆或酿酒厂喝酒，但我也喜欢在安静的夜晚待在家里，用最喜欢的杯子喝啤酒，读些消遣的书，或者周日做晚饭时喝一品脱，听着足球赛的声音从大屏幕电视机里传出来。在家喝啤酒还意味着朋友们来的时候，我会从旅行时积攒私藏的特殊啤酒里挑出几瓶，打开，和好友们喝着好啤酒（但愿是）。至于那些不合标准的啤酒？我会毫无愧疚地把它们倒掉，也不进行肤浅的评论。

我知道这种经历并不特殊。我不需要调查研究、电子表格或分析数据也能知道，更多的人喝着更好的啤酒。我所要做的只是在周四晚上在邻里间闲逛，邻居们那时会把可回收的垃圾拿出来等着垃圾车收走。在这些夜晚，忠实的杂种狗胡椒陪着我，我们在新泽西州泽西城的街道上漫步。当天最后一次散步时，我会花点儿时间，松开绳子，让狗去做它自命不凡的事。我只是观察垃圾堆的最上面是什么，并不会在垃圾桶里翻找。在压扁的“波兰春天”（Poland Spring）矿泉水瓶子当中有各种啤酒瓶和啤酒罐，分别来自缅因啤酒公司（Maine Beer Company）、鞋底分离酿酒厂（Departed Soles Brewing）、两条路酿酒厂（Two Roads Brewing）、林荫大道酿酒公司、工业艺术酿酒厂（Industrial Arts Brewing），还有很多其他酿酒厂。随着季节变换，啤酒也在变换。夏季精酿酒瓶变成了南瓜麦芽啤酒瓶，随后则是冬日麦芽啤酒的空瓶。

我写的第一篇关于啤酒的文章在 2002 年发表。那篇文章相对较短，写的是我的家乡新泽西州的酿酒业在过去五年里如何发展、扩张，志在取得更大的发展。我在当新闻记者时发现了啤酒。当时我走遍全国各地，报道犯罪事件和日常生活，晚上我会去寻找自制啤酒的酒馆。在那些酒馆里，我遇到了友善的人、知识渊博的酒馆员工，还有一种团结精神，让我的旅途生活不再难挨。通过和他们交流，我对啤酒和现代酿酒业的情况有了深入了解。

那时，我完全没有想到我会全职从事关于啤酒的写作。我极其幸运地记录下了美国啤酒过去 15 年里的故事。我享受过技术高超的酿酒师酿出的成果，遇到过同类的爱酒之人，亲临很多地方见证了这个行业的发展。这些殊荣非同寻常。

然而，也有不好的一面。报道啤酒行业意味着我生活在一个气泡里。在这个范围内，几乎我与之交流的每个人都知道啤酒花的种类，都对啤酒桶陈充满激情、了解得很多。明星酿酒师的名字常被提及，计划喝酒的地点也不是当地酒吧，而是更大的活动，比如“品尝大会”（SAVOR，一个关于啤酒和美食搭配的商业活动），或者精酿啤酒师大会（一个行业活动）。这是一个圈内人独来独往的世界，我常常觉得，他们和消费者、和偶尔喝酒的人不在平等的地位上。这个问题尤其令我烦恼，因为作为一名记者，我的工作是教育普罗大众，使他们了解熟悉这些东西，娱乐他们。

这就是我喜欢请朋友们来家里的原因，尤其是那些不在啤酒圈里的朋友；这也是我喜欢在晚上去随便看看回收垃圾桶的原因。这样我就能直接看到身边在流行什么啤酒，人们为聚会储藏了什么酒，偶尔我还会发现不熟悉的酒瓶或陈年酒瓶，也许有人刚庆祝了什么特别的事情。这些观察让我从气泡里走出来，提醒我什么才是日常消费的兴趣所在。

如果你是啤酒爱好者，走出家门去喝酒时，很有可能你会选择酿酒厂或酒吧。这是确保喝到优质啤酒的明智之选。然而，如果条件不允许，你的选择就只限于瓶子和易拉罐了。经常有人问我，瓶子和易拉罐哪个装啤酒更好，实话说，我的答案是由你来决定。事实上，酿酒师把啤酒包装好，希望让你买下来喝掉它，无论用什么方法，他们都会确保啤酒到你手中时处于最佳状态。不过，三种选择（生啤、瓶装、罐装）各有各的吸引力、好处和存放地点。

“啤酒瓶由来已久，几乎没有什么变化，这就是其形式和功能的最好证明。它像机翼一样线条流畅，像打磨过的石头一样光滑。啤酒瓶就像是这个行业的工人，它们像建筑工人们那样大汗淋漓，碰撞时像风铃在唱歌，释放出气体时像快乐的人卸下了压力。它们始终存在于啤酒体验里。”

这是一个故事的开场白，是我请一位朋友，内特·施伟伯（Nate Schweber）在2015年给《关于啤酒的一切》杂志写的。他用短短几句话完美地概括了经常被忽视的啤酒行业劳工的形象，描述了他们给喝酒这件事带来的浪漫感受。

瓶子和啤酒搭配在一起可谓完美，就像花生酱和果冻。瓶子大约最早在十六世纪开始使用，和啤酒一样，它也在演变。过去的瓶子是玻璃工人手工吹制的，现在的瓶子是上千瓶地大批量生产。瓶子的玻璃使用可循环的玻璃、沙子、碳酸钠和石灰石制成。这些材料搅拌在一起，温度达到 2850 华氏度时开始融化，混合物会形成火红的高温液体。液体按较小的量分开灌注进模型里，得到想要的瓶子容量。美国的啤酒瓶有四种主要容量：12 盎司和 22 盎司的瓶子，它们通常用瓶盖封口；330 毫升和 750 毫升的瓶子看起来更像葡萄酒瓶，用软木塞和铁丝帽封口。当然还有其他容量的瓶子，比如科罗娜的精酿小麦啤酒（Coronita Extra）用的是 7 盎司的瓶子（有人叫它小瓶子或奶嘴瓶）。有些酿酒师甚至用过 1.5 升的瓶子（大酒瓶）。

美国只有少数几家玻璃瓶的生产厂家，虽然有不同的瓶子容量、颜色和形状可供选择，但我们常见到的形状只有几种。第一种是传统的 12 盎司长颈瓶，百威用的就是这种。还有一种 12 盎司的老式瓶子，内华达山脉酿酒公司用的是这种，它中间更圆一些，瓶颈较短。接着是 11 盎司的圆肚小瓶，几乎全是瓶身，没有瓶颈。红条纹啤酒（Red Stripe）让圆肚小瓶出了名，俄勒冈的满帆啤酒（Full Sail）的阶段啤酒产品线也用了这种瓶子。当然我们不会忘了还有 40 盎司的瓶子，通常用塑料的螺旋瓶塞。传统上用它来装麦芽烈酒，这种高度烈酒最初的目的就是让人喝醉。

酿酒师们千方百计让瓶子变得个性化。塞缪尔·亚当斯生产的每个瓶子上都有凸起的酒厂标记。新比利时酿酒厂在瓶颈和瓶身交界的地方用凸起的环形显示名称。百威的酒瓶上有一只鹰的商标标识。即使撕掉标签，人们也不会弄错品牌，不会弄错瓶子里的酒。

啤酒瓶最常见的颜色是棕色。这是有原因的。阳光是啤酒的头号天敌，尤其是啤酒花啤酒的天敌。阳光照射到啤酒花上时，蓝色紫外线和啤酒花里的阿尔法酸发生消极反应，产生一种熟悉的臭味。这是啤酒里最容易辨别出来的味道。无色的玻璃无法保护啤酒，这就是为什么不会见到用无色瓶子装淡色麦芽啤酒或印度淡色麦芽啤酒。绿色玻璃有一定的保护效果，但阳光仍然可以穿过。棕色玻璃对里面的液体保护得最好，尽管并不能绝对隔绝。而黑色玻璃由于生产成本太高，大规模使用不切实际。

那么为什么有些酿酒厂还要使用无色和绿色玻璃瓶呢？有些是为了市场推广，其他一些优质的啤酒则是出于设计上的考虑。墨西哥啤酒和其他啤酒花原料特色不鲜明的啤酒，常用无色玻璃。它传递出冷静、新鲜、玻璃瓶中装着阳光和轻松享受的气氛。“米勒上流社会”(Miller High Life)啤酒，啤酒中的香槟，众所周知，它用的是无色玻璃瓶，但米勒酿酒厂用了不会被阳光破坏的啤酒花提取物。

现在再来说说绿色玻璃瓶。十有八九你会想到喜力啤酒，它是来自荷兰的窖藏啤酒，瓶颈上有明显的红色五角星。喜力是个极具影响力的品牌，它的啤酒和品牌同名，来自世界第二大酿酒厂。喜力啤酒在二十世纪九十年代中期至后期登陆美国，和其他欧洲进口啤酒一样，使用了绿色玻璃瓶，这样它们在货架上就很突出。在成排的棕色玻璃瓶中，绿色瓶子会迅速被认出来，甚至还有种欧洲的老练风雅。这也是为什么几乎美国人人都觉得喜力喝起来应该有一点儿日光嗅味——就是有点儿臭味。在欧洲你能喝到新鲜的喜力生啤，味道完全不同，像是另一种啤酒：清新明快，带有一丝丝贵族啤酒花[1]的苦味。喜力在产地市场和欧洲各地用的是棕色玻璃瓶，直到大约 10 年前，为了利用它的全球品牌知名度，才换成以绿色为主的玻璃瓶。如果臭味有损销量，伤及酿酒厂的底线，我们可以打赌这种瓶子肯定会被弃用，但绿色瓶子仍继续被使用表明大多数人并不在意这味道。喜力也用易拉罐装啤酒，罐装版本更接近于它真正的味道，不过大多数喝酒的人仍然更能接受过去那种熟悉的阳光嗅味。

阳光在短时间内就会让啤酒散发出臭味，大多数情况下它会让啤酒变得令人生厌。如果把啤酒倒进无色玻璃杯里，根据啤酒花的含量，可能不到一分钟臭味就会出现。如果在阳光下直射四分钟，哪怕是棕色玻璃瓶里的啤酒也会发臭，这时只能扔掉啤酒，在阴凉的地方重新开一瓶酒。不过，至少在有一种风格的啤酒里，非常少量的阳光嗅味是可以接受的，那就是比利时塞森啤酒。这种农家麦芽啤酒经常使用陈年啤酒花，用量很少。传统上用绿色玻璃瓶装这种啤酒。对于经典的都彭塞森啤酒（Saison Dupont，它是塞森啤酒的代表）而言，散发出一

[1] 贵族啤酒花（noble-hop）是苦味低、香气浓烈的啤酒花的总称，主要包括欧洲啤酒花品种和哈拉道（Hallertau）、泰南格（Tettnanger）、施帕特（Spalt）和萨兹（Saaz）这四种啤酒花；英国也有几种贵族啤酒花。——译者注

丝臭味是它的部分吸引力所在。专门生产塞森啤酒的美国酿酒厂，比如得克萨斯州奥斯丁的小丑国王（Jester King）酿酒厂，用绿色玻璃瓶装啤酒（和行业标准背道而驰）则是希望能重现经典风格。他们的这种啤酒最初可能会让人有些疑虑，但很快就征服了持怀疑态度的人。

玻璃酒瓶大概永远不会从货架上消失，但有些酿酒厂在尝试其他选择。有的用了玻璃瓶形状的铝罐，但仍然叫作瓶子。也有的酒厂试验了特殊材质，比如欧洲的酿酒商嘉士伯（Carlsberg）用木浆制造了一种瓶子形状的包装，可以在不改变风味的情况下将啤酒保存几个月，这种设计也是为了在垃圾填埋时能够降解。尽管动机很高尚，但是这种包装不太可能成为主流，至少近期不会。

我一般认为，瓶子（或易拉罐）是啤酒在倒入家中的杯子之前从酿酒厂到我手中的运输工具。我确实时不时地喜欢直接用瓶子喝酒，喜欢瓶子在我手里的感觉，我会用拇指和食指紧紧捏住瓶颈，在酒吧里一边读书一边把瓶子转来转去。我喜欢观察别人，看他们在紧张或是无聊时撕下瓶子上的标签，也可能他们觉得把标签从瓶子上完整地撕下来是个挑战。我喜欢瓶子碰撞在一起时发出的叮当声，喜欢把空瓶扔进垃圾桶时喜悦的撞击声。这些声音对宿醉毫无好处，但会从听觉上提醒我们曾度过了一段好时光。

不过，整个瓶子上我最喜欢的部分可能是瓶盖。想想这地位低下的瓶盖。你在把下一个瓶盖扔进垃圾桶之前，认真地看看它。就像是易拉罐啤酒把标签当成了画布，酿酒商在瓶盖的小小空间上也展现出了十足的创意。瓶盖的颜色曾经是单色的——金色、银色或黑色。而它们现在呈现出了各种特色：酿酒厂的商标、图案设计、啤酒装瓶的年份，甚至宣传某种理想或某个慈善项目。每年 9 月是全美前列腺癌症宣传月（National Prostate Cancer Awareness Month），数百家酿酒厂在装瓶时会加上两百多万个蓝色瓶盖，盖子上有“品脱与前列腺”的标识，这是一个鼓励癌症筛查的慈善活动。

现在再把瓶盖翻过来。你在瓶盖里面可能会发现谚语、图画或者一些信息。酿酒厂用这块小小的圆形空间在你喝啤酒时建立起与你之间的互动。有些设计极具创造性。国家波希米亚啤酒（National Bohemian Beer）几十年来都在瓶盖上印着拼图游戏，把瓶盖拼在一起可以组成人们熟悉的谚语俗语。这些拼图游戏非常受欢迎，甚至突然间诞生了很多专门解谜的网站。与之相似的，满帆酿酒厂在他们的阶段性窖藏啤酒瓶盖里面印上了石头、纸张或剪刀的图案，把朋友们休闲随意的外出变成了友好的竞赛。魔术帽子酿酒厂（Magic Hat Brewing）和安德森山谷酿酒厂（Anderson Valley Brewing）多年来在瓶盖里面印有机智或富有洞见的警句，让常客们大为欢喜。塞缪尔·亚当斯则用瓶盖的空间炫耀自己的各种奖项。其实现在有一些人专门收集这些金属圆片。

美国销量最高的啤酒：百威淡啤酒、库尔斯淡啤酒、米勒淡啤酒以及百威啤酒，瓶子用的都是螺旋盖。这种盖子很方便，不需要用到麻烦的工具或台面就能喝上啤酒。如今大多数小型酿酒厂采用的都是边缘呈波浪形的金属瓶盖，因为它和玻璃瓶之间密封更紧，不会让氧气进入啤酒瓶，还会让人觉得工艺更精密。

在有些国家，你会见到玻璃瓶盖上有拉环，和易拉罐的拉环很像。这是玻璃瓶和易拉罐的趣味混合物，但没在美国打开销路，部分原因在于成本（由于多出了零件，这种瓶盖更昂贵），另外就是因为瓶盖其实不必有拉环。

如果你喝的瓶装啤酒没有螺旋盖，那么就需要开瓶器才能打开。开瓶器是应需求而产生的。十九世纪九十年代初，巴尔的摩的威廉·佩因特（William Painter）获得了一项瓶口密封盖的专利，这项发明能把液体和碳酸气体封存在瓶子里。1894年，他获得了另一项专利，“密盖瓶开瓶器”，将两者的紧密结合保持了下来。

开瓶的机械原理这么多年来几乎没有变化，除了创意方面。开瓶器有各种各样的形状、尺寸、材质，个人品味和表达几乎与它的功能同样重要。有些人喜欢小巧实用的，比如能挂在钥匙链上的开瓶器；有些人则喜欢能固定在墙上的开瓶器；还有些人喜欢设计上能引发话题的开瓶器。现在完全不愁找不到你喜欢的开瓶器。有种开瓶器我会避免使用（其他人也会同意我的观点）：劣质的塑料钥匙环开瓶器。它通常装饰有啤酒厂的标识，开瓶时比瓶盖弯曲得还厉害，经常显得笨重，还有，不幸的是常常需要不止一个这种开瓶器才能起到杠杆作用。

幸运的是，几乎每个喜欢好啤酒的家庭里都随处放有几个好的开瓶器，有些还会放在意想不到的地方。开瓶器似乎能与任何东西组合在一起。有的开瓶器嵌在人字拖的鞋底上，有的插在棒球帽的帽檐上，还有的挂在皮带扣上，甚至有的戒指上会有开瓶用的槽，让你手里时刻都有开瓶器。开瓶器能显示出个人热爱的东西和嗜好，从米奇老鼠到进取号星舰再到教皇，应有尽有。很少有哪家酿酒厂没有带自家标识的开瓶器。开瓶器的材质既有寻常的塑料、不锈钢，也有不那么传统的袋鼠阴囊或是废弃核武器系统里的青铜制品。

有些社团和群体促进了开瓶器和瓶盖的收藏。很多收藏家不愿意接受瓶盖打开时必然出现的弯曲，发明家们因此加快步伐进行改进，提供了替代选择。我最喜好的替代品是啤酒棒，它有一个无比巨大的阿巴拉契亚榉木把手，末端有一个 L 形状的金属片，能打开瓶盖，而且不会让它弯曲。这种开瓶器经久耐用，代表了以质量为标准的过去，而非一种例外。

那么，为何有些人说开瓶器彼此之间没有差别？在众多开瓶器中以式样脱颖而出的开瓶器会引起人们的议论，就像你打开的啤酒一样。

尽管生产开瓶器的生意不会很快面临萧条的危险，但是越来越多的酿酒厂现在都开始出售不需要任何特殊工具的包装，用一根手指就能打开。当然，罐装啤酒不是新事物，大约 1935 年就有了，那年新泽西州的戈特弗里德·克鲁格（Gottfried Krueger）酿酒公司第一次用易拉罐来装麦芽啤酒。2003 年我开始写啤酒时，人们很少谈论用易拉罐装的啤酒如何运输。当然，那些大型酿酒厂用易拉罐装啤酒，销量很好，但人们普遍认为易拉罐是为低端啤酒设计的劣质产品。

这种情形从二十一世纪初开始转变，那时有几家较小的酿酒厂开始用易拉罐包装啤酒，其中最著名的是奥斯卡布鲁斯酿酒厂（Oskar Blues Brewery）。他们大力宣扬易拉罐的好处，最突出的优势是人们能把易拉罐带到不方便携带玻璃容器的地方，比如游泳池、海滩、高尔夫球场、野营地（把空易拉罐带回来也很方便）。酿酒商也会宣传说铝制品比玻璃轻得多，也就是说，卡车在城镇间、州际或全国范围内运输啤酒时，负担的重量少了，这样就减少了汽油的用量和排到大气中的废气量。

大多数酿酒厂现在至少会考虑使用易拉罐，有些酿酒厂甚至计划完全放弃玻璃瓶，只卖生啤或圆形铝罐装的啤酒。易拉罐能在全世界流行的原因是：铝是地球上存量最大的元素。原料很容易得到，生产商才有道理使用它。以前，因为生产商习惯了和大量订购铝罐的公司打交道，铝罐按照每次几万个的数量出售。然而，小型酿酒厂的市场在增长，对于它们来说这个数量既不现实，成本也过高，因此，鲍尔公司（Ball Corporation）等生产商开始以较少的数量出售铝罐，让这些新进入市场的酿酒厂也能使用易拉罐。

小型酿酒厂的崛起带来了附属产业的商机：移动装罐商。较新的酿酒厂没有储存成千上万个易拉罐的空间，也没有场地安装固定的罐装生产线。于是小型酿酒厂被迫人工装瓶，或者使用装罐机，一次能装四罐或六罐，这个过程需要太多劳动力，而且耗费太多时间。移动装罐商是拥有可移动的自动装罐机的公司，他们把机器运到酿酒厂，连接到清酒罐（酿酒厂的一种供应酒的容器）或酒桶上，清洗、灌装易拉罐，封口，迅速装好准备卖给顾客。科罗拉多州的野鹅罐装公司（Wild Goose Canning）开创了这项服务，但现在移动装罐商全国到处都有，市场对他们有需求，他们之间会互相竞争生意。

人们对移动装罐商有些顾虑，主要担心的是每个啤酒配方和包装过程的前后一致性。大型酿酒厂和那些质量监控规定苛刻的酿酒厂，会对批量罐装（和瓶装）的啤酒进行全方位的测试，确保灌装方式正确，不会被杂物污染，避免酵母在达到原定的界限之后还会继续发酵，避免任何可能导致易拉罐爆裂的危险情况发生。移动装罐的啤酒不会总是用巴氏杀菌消毒，因此，像古斯（充满了盐分）或新英格兰印度淡色麦芽啤酒（满是酵母）这些风格的啤酒，很有可能在啤酒装罐以后出现过度发酵，对金属产生压力，导致罐子爆炸。啤酒被污染（或者说污染总是存在）时也会发生同样的情况，污染会造成多余的、意料之外的二氧化碳累积，也可能导致易拉罐破裂。近年来，几十家酿酒厂都由于破损问题而召回了易拉罐（和玻璃瓶）。大多数这种情况下，移动装罐商和酿酒商会互相指责。最终的教训是，在某一节点上，本应通过恰当的保管让包装好的啤酒处于饮用黄金期，结果却没有做到。这对生意是有害的，双方都明白这一点，他们都在不断努力改进，使消费者能畅饮送到他们手中的罐装啤酒而不必担心爆炸。我敢说，半夜被客厅里像电话本摔到水泥地上的声音惊醒，几乎没有比这更糟糕的事了（一个表亲给我的他自己酿的啤酒爆炸了）。还有，度过了长长的暑假回到家中，发现公寓闻着就像周一早上的大学联谊会会场，因为有几罐来自小型专业酿酒厂的古斯啤酒和苹果酒，没有正确罐装、恰当消毒而爆炸了，这也很可怕。

在我们进行更深入的讨论之前，让我们先提出另一个和易拉罐有关的最常见的问题。答案是“不”，你用食品级别的铝罐喝啤酒时不会“尝到金属味”。你的嘴唇碰到易拉罐边缘时，可能在潜意识中会有这种感觉，但如果啤酒里真的有这种味道，酿酒商（和苏打水生产商）就不会使用这种材质了。如果担心金属味，你可以把啤酒倒进玻璃杯里。这些年来技术进步了很多，罐装背后的科学技术也在改进，包括改良易拉罐的内层，它能使液体真正与金属隔离开，防止造成侵蚀。

另一个经常有人问我的问题是易拉罐对环境是否安全。大体上说，是的。它们比玻璃瓶更有可能被回收。然而，铝的黑暗面不常被人提及，即赤泥。在开采铝矿的初期阶段，用氢氧化钠冲洗金属时，会产生一种副产品——赤泥。赤泥由于含有矿砂而呈现出红色，通常以泥浆状存储在安全的水槽里。完全干燥后，赤泥可以和泥土混合，或者用在建设道路的混凝土中。在干燥之前，赤泥是有毒的，如果它从保护层中泄漏出来会造成严重的环境危害，比如十年前在匈牙利发生的事[1]。

另一个人们担心的问题是关于双酚A（又简称为BPA）的，它是易拉罐内部涂层使用的化学物质（其他塑料制品中也会使用它）。一些研究指出，这种物质可能导致癌症和心脏疾病等，因此易拉罐生产中已普遍不再使用双酚A。

在某些方面，易拉罐是当今啤酒产业中的完美容器。12盎司的易拉罐是行业标准容量，现在还出现了其他选择。很多酿酒商选择16盎司或一品脱容量的易拉罐，还有的选择更大的容量，19.2盎司或24盎司。甚至还有容量大于2品脱（后面我们会详细介绍）的易拉罐。各个生产厂家的易拉罐的形状一般相同，但近年来出现了一些变化，主要是盖子的变化。酿酒商制造了更大的开口用来在倒酒及喝酒时促进空气流动。还有的易拉罐的盖子能整个拿掉，把易拉罐变成杯子，不过有些州的垃圾法令禁止这种包装（还禁止能彻底拉掉的拉环）。

连易拉罐打包的方式也发生了变化。某些年龄段的读者会记得电视里的支持环保的广告或学校里的环境科学课程，其中讲到捆绑易拉罐的塑料环会把野生动物勒死，我们应该把塑料环剪断再扔掉。现在大多数酿酒商使用卡装的置物托，紧紧地固定在易拉罐的顶端，可回收并且能反复使用。

易拉罐还有两个好处：第一个好处是它能使啤酒和阳光彻底隔绝，绝对不会出现可恶的臭味、阳光嗅味和其他气味；第

[1] 此处指的可能是2010年匈牙利发生的大规模赤泥泄漏事件。——译者注

二个好处是因为易拉罐密封得非常彻底，氧气不会进去，因此就不会产生奇怪的风味或漏出碳酸气体。

随着易拉罐再次广泛使用，我们正在研究这种包装对陈年啤酒的存放能力。主流观点认为因为易拉罐的内层是塑料的，所以啤酒只能保存一年或两年。另外，罐装的啤酒种类都是适合新鲜饮用的，很少有罐装的大麦酒。所以如果你要在地窖里存酒，目前请坚持选择瓶装酒，至少在更多的试验完成之前是这样。

罐装啤酒成了当地艺术家的新画布。由于标签可以覆盖整个包装的表面，啤酒罐就成了艺术表达的黄金地段。在易拉罐上，你会看到几何形状、漫画书的画页，还有风景以及用文字讲述的故事。欣赏着明亮的色彩和鲜明的图案，啤酒罐子上的视觉和里面的啤酒一样引人入胜。

啤酒罐在灾后重建中发挥了重要作用，尤其是在近些年。酿酒厂，尤其是那些有大规模生产能力的酿酒厂，比如百威和奥斯卡布鲁斯，能获得新鲜、干净的水源，在飓风、龙卷风、地震等自然灾害之后,很多酿酒厂能把饮用水运送到全国各地。饮用水的易拉罐有特殊标记，对受灾害影响的人们来说是天赐之物。

我自己是罐装啤酒的爱好者，尽可能多地置备罐装啤酒。这不只是因为易拉罐能使啤酒保持新鲜，也不只是因为罐子外面很酷的艺术，而是因为在回收垃圾的晚上，更容易将易拉罐运送到垃圾点。另外，罐装啤酒鸡的菜谱多了很多选择，这非常好（只需保证啤酒在灌入鸡肉时是室温即可）！

虽然现在到处都能见到易拉罐，易拉罐的污名也已经不存在了，但仍然并非人人都迅速采用了这种包装方式，这很有意思。比如，塞缪尔·亚当斯的酒厂厂主吉姆·科赫、新格拉鲁斯（New Glarus）的黛玻（Deb）和丹·凯里（Dan Carey）、角鲨头的萨姆·卡拉吉翁（Sam Calagione），他们都曾明确表示，绝不会把自家酒厂的啤酒装在易拉罐里。但进步的趋势是无法阻止的。酿酒商看到其他酿酒厂获得了成功，被顾客（和经销商）坚持不懈地恳求，为了寻找增加销量的方式，他们最终还是让步了。现在我们能喝到罐装的波士顿窖藏啤酒、斑点牛（Spotted Cow）啤酒、60 分钟印度淡色麦芽啤酒（60 Minute IPA，它是上述几家酿酒厂的旗舰品牌啤酒）。人们要什么就给他们什么。

你第一次参观酿酒厂时，很有可能会遇到老顾客双手拎着几个空玻璃罐，打开吧台上 64 盎司的容器，把玻璃罐装满，带着新鲜的生啤走出酒厂。这些空酒罐是把啤酒从酿酒厂带回家的另一种选择，你所需要做的只是多走几步。过去，人们使用的空酒瓶是有盖子的小锡桶，用它装啤酒，保鲜的时间很短。现在在古董商店里还时不时地能看到这种锡桶。酒吧的黑板上用粉笔写的酒单里经常能看到空酒罐装酒的价格，一般写在一品脱啤酒或一罐啤酒的后面。它的价钱跟带走的鲜啤一样，直接从酿酒厂的啤酒龙头里灌装。听起来太棒了，是吗？也是，也不是。

如果你住得离酿酒厂不远，并且打算当天就把啤酒喝掉，或者，比如说，最多两天内喝掉，啤酒又被恰当地冷藏在冰箱里，那么很可能喝的时候从酒罐里倒出来的啤酒接近完美。但以上各个条件如果少了哪一个，那就是在赌运气。

理论上，酒罐很好。酿酒厂生产的很多啤酒都无法用传统方式外带。而有时我们又没有时间坐在酒吧里喝一品脱，或者有时我们想多喝一点儿，但还要开车回家；我们还可能想和朋友们分享特殊的啤酒。酒罐解决了所有这些问题。然而，在我看来，把啤酒装进酒罐时会出现很多错误，尤其是在你参观的酿酒厂仍在使用老式方法的情况下。

我为什么这样说？酒保把一截管子接到啤酒龙头上，管子另一端伸进酒罐里，打开龙头直到把酒罐装得满满的。和倒一品脱啤酒一样，碳酸气体很快就消散了。接着，酒罐盖子拧紧之后，啤酒就封闭在了罐子里。这对酿酒厂来说是最方便、最有效的办法，尤其是小酿酒厂，安装高级设备超出了预算，能让人们外带啤酒。这种方法对啤酒没有任何好处。管子里有氧气，酒罐上方可能存在的空隙中也会有氧气，啤酒接触氧气后味道会发生变化，你会发现啤酒不再是你在酒吧里所喜欢的那种风味，你在家挠头搔耳也不明白哪里发生了变化。

有些酿酒厂为了避免氧气造成的味道不一致，安装了抗压的酒罐灌装器。他们在清洗氧气罐的同时灌入啤酒，道理类似于在灌装线上灌好瓶装和罐装啤酒。灌装机器连接在酒吧的生啤系统上，和倒入品脱杯里的啤酒来自同样的酒桶。如果我在酿酒厂里见到这种设备，我会考虑买一罐啤酒带走；不然就不会外带啤酒。

奥斯卡布鲁斯酿酒厂开发了另一种容器，易拉酒罐，其实是铝制的酒罐（易拉罐和酒罐的合称[1]，明白了吗），在啤酒世界里这种容器还是相对新的。易拉酒罐灌装系统类似于老式的管子接啤酒龙头的啤酒系统，只是直接灌入 32 盎司或 64 盎司的啤酒罐中，和倒入玻璃杯里差不多。灌入啤酒后，罐子上加封盖子，再由机器把这两部分结合起来，你就可以外带一个大罐装的啤酒了。易拉酒罐可以灌满到顶部，留给氧气的空间就少多了，对于短期保存啤酒这是很好的选择，也很好地代替了本应该重复使用的玻璃酒罐。

我说“本应该”，是因为人们极少会重复多次使用酒罐，这确实有些悲哀。我年轻时，有段时间，有十几个酒罐，来自东北部的几家酿酒厂。每次我在付钱灌啤酒之前，都要先花不少钱买这个罐子。而重返酿酒厂时，我又忘记带上之前买的酒罐，结果就会再买一个——这个过程重复了一次又一次。最终，这些玻璃酒罐只得送去回收。显然这件事不只发生在我一个人身上。各地的酿酒商都抱怨过，他们不得不一直订购酒罐，它变成了一次性的包装。

那么多酒罐最终被回收了，或者成为家庭吧台的展示品，也许是件好事。玻璃酒罐如果喝完之后没有立刻清洗干净，就

[1] 外带啤酒的酒罐原文为 growler，易拉酒罐原文为 crowler，即 can 和 growler 两个单词合并。——译者注

会滋生细菌、霉菌和其他黏糊糊的东西。可是酒罐的罐口很窄，罐身尺寸也不大，把刷子伸进去刷洗并不容易。酿酒厂非常清楚，我们这些消费者应该保证酒罐在回收时状态良好。抽样检查的人不会给脏酒罐装酒，因为那样会破坏啤酒的品质，这意味着你如果想外带啤酒，就必须买一个新的、干净的酒罐。此外，玻璃酒罐提在手里很重，还会撞上其他东西，用了几次之后还会老化或开裂，结果你无论如何仍要买新的罐子。这就是为何易拉酒罐是更有吸引力的选择。

如果你觉得自己是那种定期外带啤酒的酒徒，可以投资买一个不锈钢的酒罐。不锈钢酒罐通常更卫生（每次使用后能彻底清洗）、更耐用，而且比玻璃罐绝缘性更好。有些不锈钢酒罐还有很高级的附加功能，比如二氧化碳贮气瓶和龙头把手，但简单的酒罐也很好。很多酿酒厂出售带有自己商标的不锈钢酒罐，但只要你所在的州没有法令禁止，你就可以带着普通的酒罐来装满酒带回家。

酒吧不会给脏酒罐装酒，你也不应该向脏杯子里倒酒。当你打算在家里喝一杯啤酒，从柜子里拿出你最喜欢的玻璃杯时，你会想确定它是干净的。清洗杯子这件事没有你想象的那么困难。酒吧通常用三个水槽完成清洗工作。第一个水槽装满干净的、通常是流动的水，水平线下安装了刷子。将玻璃杯浸入水槽，用刷子彻底清洗，再放入第二个水槽，这个水槽里装满了水和清洁剂，杯子在这里再次浸泡后放入第三个装满清水的水槽，清洗一遍。之后把杯子拿出来晾干。

在家里可能你并不想复制这个系统，也没有必要复制。你所需要的只是清水和清洁剂。你可以用洗碗剂。我推荐使用无香的。棕榄牌（Palmolive）的青苹果兰花香型会留下味道，影响啤酒的芳香。在家里和办公室，我用的是“啤酒净”（Beer Clean）的酒吧玻璃杯清洗剂，是粉末状，一点点量就能用很久。如果你在酒吧里坐的位置离水槽近，碰到清洗杯子（以正确的方式）的时候，你会见到如何使用这种粉末。大多数商店的清洁剂货架上都能找到它。用软毛刷配合粉末更好。彻底清洗之后，边用刷子刷洗杯子内壁，边用冷水冲洗，确保把所有可能的残留物都洗掉了。把杯子放在一边晾干，或者也可以马上使用。我知道这一切听起来平淡无奇，但如果你知道曾有多少人问我正确清洗杯子的步骤，你会吃惊的。

如果玻璃杯洗过之后不会马上使用，再次用它喝啤酒之前，用水冲一下，旋转杯子冲走可能积累的灰尘和颗粒，不失为一个好办法。在有些酒吧里——应该有更多的酒吧采用这种方式——你会见到玻璃清洗台，通常安装在龙头把手旁边，酒保用这个设备完成酒杯清洗，达到的效果是一样的。清洗台用的是压力驱动的喷头，附带排水管。玻璃杯倒放在上面，压下去，水从多个角度喷洗杯子内部，然后快速晃动杯子，甩掉大滴的水。

我们知道，喝啤酒时需要正确的杯子，倒酒之后泡沫和杯子边缘之间应该留有空间，让香气聚集和散开。杯子应该是干净的，温度和室温相同，可以直接倒入啤酒。

那么正确的倒酒方式是什么？这很复杂，取决于啤酒的种类。你应该见过生啤是怎样倒出来的。酒保把杯子倾斜一定的角度放在龙头下，龙头通常从墙上或酒塔上垂下来。龙头打开，啤酒流入杯子，装满一半时停止，这时酒保会慢慢把杯子立成竖直的，避免酒溅出来，啤酒满到他想要的位置时关上龙头。我在家从瓶子和易拉罐里往杯子里倒啤酒也是这样：慢慢地、轻轻地倒下去，杯子快满时直立起来，可能会倒得快一点儿以增加泡沫。

有段时间，我以为自己倒酒的方式是对的，从技术上来说，确实是对的，但多亏了加勒特·奥利弗（Garrett Oliver），布鲁克林酿酒厂的酿酒大师，我才学会了更好的方式。几年前我去奥利弗的酿酒厂参加活动时，看着他把杯子放在吧台上，打开一瓶印度淡色麦芽啤酒，把啤酒瓶高高地举在杯子上方，倒酒，酒飞溅着直接落入杯子中央。液体翻腾着，冒出大量泡沫，碳酸气体旋转着，像怒吼的海水，尚未平息。他倒出了约 2/3 瓶啤酒，其余的稍后再喝。奥利弗解释道，这种激烈的倒酒方式让香气得到更自由的散发，给嗅觉体验增色。这也表明，相比一些人的处理方式，啤酒可以被更猛烈地对待。现在，这是我通常在家倒酒的方式，除了二次发酵的啤酒。

二次发酵的啤酒在装瓶盖或瓶塞之前，瓶子里事先加入了糖。酵母在二次发酵时消耗啤酒里的糖分，增添新的风味，还产生了更强烈的碳酸气体。很多风格的啤酒都采用这种方法，但通常，传统的比利时风格啤酒更喜欢这样处理，比如塞森啤酒、香槟啤酒和兰比克啤酒。这是一门非常精妙的科学，因为酿酒师必须了解啤酒里的含糖成分，还要保证每瓶酒里添加的分量都是精确的。酵母太少，啤酒味道会太平淡；酵母太多，瓶子在压力下会爆炸。你可能见过比较新的酿酒厂使用“二次发酵”这种说法，但其实他们只在啤酒里添加了很少的酵母或糖，而且还是在酿造过程中已经被碳酸化的酵母或糖。

酵母发酵完全以后，沉淀物聚集在瓶底（竖直存放）或四周内壁上（水平存放），形成一层厚重、略像污泥的物质。这种物质很美味，但看上去并不吸引人。处理沉淀物有两种方式。如果你独自喝一整瓶，你可以拿一个很大的玻璃杯，大得能放下整瓶酒，或者也可以拿两个玻璃杯倒酒。倒酒时先柔和缓慢地倒，沿着杯子内壁倒下去，瓶子倒出 2/3 时停下，小心避免搅动瓶底沉淀的酵母。接下来晃动瓶子里剩下的啤酒，摇动酵母沉淀物，让它和酒混合起来，猛地倒进杯子里。如此一来，啤酒会变得稍稍浑浊，但没有关系。

一些观念传统的人想方设法地不让残余的酵母流入杯子。这样，可能会有一点儿啤酒留在瓶底，或者要用到兰比克篮子。兰比克篮子在比利时很常见，瓶子横放在篮子里，篮子上有一个为瓶颈设计的开口，酒相对平缓地倒出来，同时不会搅动沉淀物。别指望在美国能见到这种篮子，除了一些供应精选啤酒的讲究挑剔的场所，或者某个极度热爱啤酒的朋友家里。

说起这样的朋友，顺便向诸位说一句：在聚会上，一些罕见的啤酒，比如来自坎蒂隆酿酒厂（Cantillon）的啤酒，这家著名的比利时酿酒厂生产香槟啤酒和兰比克啤酒，打开之后，如果有哪个在家酿酒的朋友把瓶子里的剩余酵母带回家了，别惊讶。这样也许能让微生物获得新的生机，可能会再次发酵。酿酒厂越受人爱戴，就越有可能有人想把它的啤酒沉淀物带回家酿酒。

当你出门去酒吧时，酒保会按照他们喜欢的方式倒酒。有些酒保倒酒又快又猛，而有些人则喜欢慢慢地小心倒酒。无论用哪种方式，啤酒总会好好地端给你。在家时，你可能喜欢慢慢地倒、猛烈地倒，或者两者皆有，只要你能看见啤酒、闻到它的味道、让它自我表达、倒进玻璃杯而没有过多地冒出泡沫，你的方式就是对的。

有一个简单的问题，但它的答案很复杂：啤酒的正确饮用温度是多少？如果在酒吧里，往往只能依赖酒保选择正确的温度。但在家里，保证最佳温度就难得多。就像与这种伟大饮料相关的很多其他问题一样，温度也和啤酒的风格有关。长久以来，我们习惯性地认为啤酒喝的时候应该是“冰凉的”，因为主流的美国风格——窖藏淡啤酒——温度在冰点左右时味道最好。然而，随着新的酿酒厂开张，老式啤酒风格再度出现，喝酒温度的问题值得我们再三考虑。

38 华氏度。这是大多数我们能喝到的生啤的最理想的温度，也是我们最愿意喝下去的温度（但愿）。它也是大多数酒吧会选择的温度。饮用之前酒桶在冷却室里储存至少 24 小时，这样啤酒倒进杯子时就是 38 华氏度。人们认为这是美国窖藏啤酒等类型啤酒的最佳温度。如果温度低了几度，碳酸气体就无法完全从液体中释放出来，啤酒味道会变得平淡。如果温度较高——哪怕只是高了半度——就很可能遇到泡沫过多的问题，因为大量碳酸气体过快地释放了出来。可能你见过这样的情况：啤酒龙头下倾斜的杯子里满是泡沫，酒保要么继续倒酒让它流出来，要么把泡沫舀出来再倒酒。这种情形下，不但你感觉受到了欺骗，酒吧也损失了大量原本可以盈利的啤酒。如果你在酒吧里见到这种情况，就要提醒自己注意，在看不见的地方有什么东西不太对头。如果你家里的生啤保鲜机出现上述情形，那就表明该调节温度了，或者该拿出说明书，检修一下机器了。

美国窖藏啤酒温度较高时会散发出令人不太愉快的香气和风味，因此应该冷藏。而对于其他风格的啤酒而言，尤其是那些用了深色麦芽或花香麦芽的啤酒，有些甚至用了巧克力、香料等特殊配料，当你饮用时，随着温度升高，酒会越发香气扑鼻。这意味着你喝到的第一口啤酒和最后一口味道不同，这确实让啤酒更有趣，但也引出了一个问题：为什么我们必须等待着让环境温度带来味道的细微差别？

南加利福尼亚州比奇伍德酿酒厂（Beachwood Brewing）的加布·戈登（Gabe Gordon）几年前提出过也回答过这个问题。和很多人一样，他认为我们的味蕾接触到啤酒的瞬间，必须为之一振。他制作了一个奇妙的装置，叫作电通量电容器（Flux Capacitor，向电影《回到未来》中穿越时空的设备致敬）：这是一个生啤的温控系统，有精密的管道和先进的冷藏方式，酒吧使用这个设备可以通过几个啤酒龙头按照不同的温度倒酒。这是因为窖藏啤酒在52华氏度时味道不太好，而烟熏啤酒（rauchbier）在同样的温度下则风味完美。这个设备还能调节碳酸饱和作用，这一点也很重要。典型的生啤系统使用通用的磅力/平方英寸压力阀来控制二氧化碳，但现在很多风格的啤酒都不适用，比如酸啤酒和野麦芽啤酒。戈登在自己的酿酒厂安装好了设备之后，帮助一些认真对待好设备的酒吧也安装了电通量电容器。这个设备令人赞叹不已，像是来自核试验室或者科幻电影，引得顾客们纷纷谈论。电通量电容器仍然很罕见，但有些酒吧对于服务客户很有诚意，安装了这个设备，比如华盛顿特区的教堂钥匙（Church Key）和布鲁克林的渴饮（Tørst）。

饮用温度在家较难调整，除非有专用的啤酒冰箱（如果有，你太棒了）。大多数家用冰箱的温度在40华氏度左右，因为白天使用或半夜找零食，冰箱开开关关，它的实际温度会稍稍浮动——也就是说，冰箱里啤酒的温度也会变化。这并不是世界末日，因为打开啤酒瓶或易拉罐把啤酒倒入杯子时，也可能有你注意不到的温度变化。你常用的冰箱仍可以算是储存啤酒的理想地方。

若想手头长期储存大量各种啤酒，你可能需要一个啤酒地窖：一个凉爽、阴暗的地方用来储存啤酒。建一个啤酒地窖相对容易，并不需要地下室。我在家里卧室的一面内墙上挖出了一个衣柜，隔热效果很好，而且避开了阳光照射。你需要的只是一个类似的地点，或者在地下室、蔬菜地窖里放几个架子。只要有可能，请把啤酒翻转存放，像存放葡萄酒那样，尤其是用软木塞和铁丝帽封口的比利时风格啤酒。普通的金属瓶盖啤酒竖直存放即可。

根据你居住的地方和季节，啤酒地窖里的自然温度在 45 至 55 华氏度。这种温度最适合长期存放某些风格的啤酒，比如比利时兰比克啤酒和香槟啤酒，甚至一些酒精含量高的啤酒，比如大麦酒、帝国烈啤酒和陈年麦芽啤酒也很适合。只要没有受到温度剧烈变化的影响，这几种啤酒经常能存放几年而且保持完好，尤其是二次发酵的啤酒。前面提到过的奥瓦尔啤酒从装瓶到变质之前能很好地存放五年，非常适合储存在地窖里。其他啤酒，比如英格兰曼彻斯特的酿酒商 J.W. 李斯（J. W. Lees）生产的丰收麦芽啤酒（Harvest Ale），会不断地发酵、变化，存放时间能长达几十年，酒会变得更浓、更复杂、更有趣。丰收麦芽啤酒以正确的方式储存在地窖里时，起初是核果风味，带有李子、无花果甚至柑橘的香气，酒精热度明显，因为它的酒精含量为 11.5%。写这本书时，我喝到了一瓶 2001 年产的陈年丰收麦芽啤酒，装瓶后存放了大约 16 年，散发出发酵上佳的酱油风味，带有丰满、浓郁的乳脂糖味，氧化产生了甜美的口感，还有樱桃核的味道。味道真是愉快宜人。

建好啤酒地窖之后，你所需要的是正确的啤酒，我建议拿几瓶同样的啤酒做个有趣的对比试验。布鲁克林酿酒厂生产的一种帝国烈啤酒黑色行动（Black Ops），就是一个很好的例子。

这款啤酒每年上市一次，生产量相当大，价格不高，750 毫升的瓶装啤酒大约需要 20 美元。如果可以的话，买三瓶当年产的黑色行动。喝掉一瓶新鲜的，做笔记记下它的外观、香气、风味、口感和总体印象。把笔记贴在第二瓶上，一年之后再重复品尝的过程，看看是否有变化。接下来再等一年、三年，甚至五年，再观察它持续不断的变化。任何种类的啤酒都可以这样对比，千真万确，但选择一家酿酒厂每年按照同样的配方生产的同一种啤酒，试验效果最好。

如果你有雄心壮志，并且有足够的空间，你可以每年进行纵向试验。内达华山脉酿酒公司生产的“大脚怪”大麦酒就非常合适。把今年的酒和过去几年的酒排列起来，每年来品尝，对比的年份尽可能地多，跟踪记录啤酒从最新鲜的年份到最久远的年份在味觉上的变化（这家酿酒公司已经开始售卖六瓶装的特殊套装，包括同一种啤酒的四个不同年份的陈酒）。

我非常幸运地见识过全国各地很多私人收藏的啤酒。有些人收藏了几千瓶啤酒，其他人的收藏则有节制得多。最重要的是，坚持选择那些对你自己有意义的啤酒。我不提倡囤积瓶子，啤酒是用来喝掉享受的。因此，如果打算建一个啤酒地窖，你需要合理安排开瓶的计划。最糟糕的事情，就是把“特殊啤酒”放在一旁，久得超过了它们的黄金饮用时间，错过了绝佳的饮酒体验。

这个时代给了我们无数啤酒可供选择，在家喝酒比过去任何时候都更令人激动。你可以去当地的啤酒商店买酒，也可以驾车去酿酒厂，带回罐装和瓶装的啤酒，或者通过邮件包裹和朋友们交换啤酒，这样，漫长的一天工作结束后回到家里时，心安理得地开始周末休息时，你都可以在家里打开一瓶期待已久的啤酒。在家喝酒意味着你可以决定一切细节，坐在你想坐的位置，用你喜欢的杯子，你来决定想听什么音乐、看哪个电视节目。

我经历过几次最好的在家喝啤酒之夜（自己家和别人家），尤其是分享啤酒的几次，大家都带来了不同的啤酒。有的是存放了一段时间的特殊啤酒，有的是某位朋友家的当地酿酒厂或地区产的啤酒，还有包装很吸引人的六瓶装啤酒。

在家喝酒心态很放松，任由啤酒滑入生活的背景：为一家人做晚饭时在厨房台面上放一杯啤酒，看最喜欢的电视节目时在咖啡桌上放一杯啤酒。享受手头现成的啤酒，能把一个普通的夜晚变得明亮欢快。最好的一点是，喝完酒不必跋涉很远就能躺在床上。

第八章　微妙的消亡

我对啤酒感到忧心忡忡。这种担忧不同于对预算、账单、国家政府的状态的担忧。担心啤酒是因为尽管它已经存在了几千年，但在过去的四十年里，这种饮料在全球范围内都发生了翻天覆地的变化。啤酒的初生阶段很长很长，在二十世纪七十年代忽然进入了青春期，现在的它就像一个别扭的少年，快要准备好成为一个完全成熟的成年人。我们现在做出的决定将影响啤酒未来几十年的发展。

啤酒一直是人民的饮料，工人阶级在华丽的婚礼上也能享受啤酒。它从未像葡萄酒那样受人尊重，但现在这一点已经变了。由于酿酒厂的数量不断增加，它们的拥护者坦率直言，啤酒呈现在人们面前的方式也发生了变化。2014 年的某一期《纽约客》（*the New Yorker*）有一张这样的封面，几个有文身的嬉皮士在酒吧里转动着杯子喝啤酒，像喝美酒佳酿一样。画面表明不同的啤酒或新啤酒只针对特定的群体。

问题是，“嬉皮士”群体极为变化无常，实际只是很少的一部分人。根据本书出版时酿酒商协会的数据，“精酿啤酒”在世界啤酒市场上大约占 12% 的份额，在美国市场上约占 20%（两个数据有差异主要是因为精酿啤酒比主流啤酒价格更贵）。在过去的几年里，这个数据一直保持不变，这意味着，尽管出现了新潮流、新趋势或印度淡色麦芽啤酒的新转变，啤酒产业中的这一分支主要面向的还是同一群人，在某些方面，精酿啤酒独特、著名，甚至受尊重的特点正在消失。我认为我们需要更多的大麦酒、四种原料酿造的淡色麦芽啤酒、没有附加配料的烈啤酒和传统酵母酿造的三料啤酒。我们需要它们，因为它们是啤酒的根基。我们需要稳固的根基，这样试验才会建立在基础之上，而非代替原有的基础。我担心啤酒，因为少数追求新的、罕见的、当地产的啤酒酒徒会直言不讳，他们像冲着狗摇的尾巴，他们正在消耗日常的喝酒乐趣，只关心啤酒和照片墙上的照片，并不关心在周围更大的世界环境下的啤酒发展。

几年前的夏天我曾与这个趋势对峙，那是在佛蒙特州的格林斯博罗湾（Greensboro Bend），山坡农场酿酒厂。在碎石铺的停车场里，我刚一下车，一个家伙向我走过来："你是来喝达蒙（Damon）的吗？"他很急切地问我，没有任何的寒暄和问候。我如实地回答我不知道，因为我不知道那是什么，然后我就走了。还没走到正门，就有三个人问了我同样的问题。

很快我就知道了，原来这家酿酒厂为了纪念一只心爱的狗，酿造了一款波本桶陈的帝国烈啤酒叫达蒙，我去的那天正是这款啤酒发售的日子。达蒙是500毫升的瓶装，零售价22美元，每人限购一瓶，由此造成了停车场黑市。我离开时，第五个人过来问我，价格翻了三倍。山坡农场酿酒厂很出色，酿造了很多妙不可言的啤酒。很多人被啤酒吸引到了佛蒙特州偏远的地方，沿着尘土飞扬的公路走了很远。爱好者和狂热人士怀着很高的期望，带着空箱子来到这里，打算满载美味的啤酒而去。我看到很多人拿着啤酒杯自拍，然后发布到网上，这样肯定会让朋友们嫉妒不已。这里的一切体验都和啤酒有关，有炫耀的权利，显然还有想再买一瓶达蒙的渴望。我很欣赏山坡农场酿酒厂，它们生产的大部分啤酒我都喜欢。如果我没有碰巧在酿酒厂推出新啤酒的日子到达，也许我的感受会不一样。

我推测，很多来之不易的啤酒会出现在啤酒论坛上，包装后邮寄给新的主人，以此换来其他啤酒或现金。啤酒爱好者之间的交易前所未有地普遍，他们的留言板中很多是不向公众开放的，只有受到邀请才能进入，上面满是各种新啤酒、罕见啤酒、地方啤酒交易的信息。这种蓬勃兴旺的地下交易对有些人来说是消遣，但也惹怒了某些酿酒厂。

有些酿酒师利用了这种炒作，虽然他们知道，由于一些机会主义者的投机取巧，在品尝间里以 40 美元价格卖出的啤酒，在互联网上将转手五六次，但他们毫不担心。这种观念却会让其他酿酒师起鸡皮疙瘩。就我个人而言，我反对这种行为，但我的很多朋友参与其中。有时碰巧遇到他们打开一瓶以高于厂商零售价的价格买来的啤酒，我也从他们的好意中得到了好处。

我承认，2017 年的黑色星期五，芝加哥新闻的直升机现场报道让我感到非常快乐，几百个人没有去商场，却在酒水店外面排队，他们等着购买鹅岛酿酒厂每年生产一次的波本郡帝国烈啤酒（Bourbon County Brand Stout）。我们所见到的炒作现象，一些在十年前还没有发生的事情，在不远的将来，会不会也成为葡萄酒的常见现象，比如在拍卖行拍卖葡萄酒？答案几乎是肯定的。

这种现象终归令人烦恼，因为啤酒虽然是产品，是商品，但它也属于个人体验。啤酒的一部分乐趣就在于尝试新的风味、参观新地方、结识陌生人，这些都是啤酒带来的乐趣。然而，常常有人想从中牟利——他们囤积啤酒再转卖，赚取利润，忽视了普通的啤酒爱好者。

在 2014 年的胡纳普啤酒节（Hunahpu's Day）上，这种现象已经很明显了。这个啤酒节每年一次，由坦帕（Tampa）的雪茄城市酿酒厂（Cigar City Brewing）举办，庆祝自己的帝国烈啤酒上市。几年前，胡纳普啤酒节还是一个在酿酒厂的酒吧间里举行的低调的活动，主要是当地人参加。他们顺便路过这里，喝一杯啤酒，可能再带一瓶回家。但随着酿酒厂的名声越来越大，啤酒获得的奖章和奖项也越来越多，人们很快就开始专程来坦帕买它出产的啤酒。聚集而来的人流形成了啤酒节，其他酿酒厂也应邀来展示自己的啤酒，来参加的人可以把胡纳普生产的啤酒带回家，价格包含在门票中。2013 年，已经有超过九千人来参加啤酒节，导致了从厕所人满为患到排长队的问题，以至于很多人还没有买到想买的啤酒就走了。第二年，酿酒厂决定解决问题：在网络上卖入场票，50 美元一张。很多人认为这是一个合理的解决办法，而其他人则把它当作牟利的机会。那年 3 月，啤酒节开幕的早上，几百人拿着伪造的入场票在排队。酿酒厂原计划接待一定数量的人群，但现场的规模要大得多。之前的问题没有得到解决，当下的人群难以控制。于是，他们干脆打开大门，放任入场，不管后果如何。然而，很多花钱买了合法入场票的人却离开了，没有买到啤酒。那次是啤酒界的黑暗时刻，见证了某些人的欺骗和冷酷。当天，啤酒产业“没有浑蛋”的名声大跌。

值得表扬的是，雪茄城市酿酒厂在不断地努力改善这种情况。它现在是罐装精酿啤酒企业集团（Canarchy Craft Brewery Collective）的一部分，这家企业由金融公司火人基金（Fireman Capital）控股［该集团还包括奥斯卡布鲁斯、佩兰（Perrin）和其他酿酒厂］。雪茄城市酿酒厂把啤酒节的地点挪出工厂，改在了更适合检票和控制拥挤人群的地方［比如雷蒙德詹姆斯体育场（Raymond James Stadium），美国国家足球联盟坦帕湾海盗队的主场］。不过，2018 年胡纳普啤酒节开场时，爱好者们疯狂地一拥而入，急切难耐地想冲到队列最前面去看最罕见的啤酒倒出来的情形，那场面就像黑色星期五的沃尔玛，人们疯狂往里冲，以至于把别人撞倒在地。

我知道我喜欢啤酒节，甚至喜欢一些啤酒发售的日子。空气中活力四射，成年人因为啤酒活动激动得不得了，人们心情都很好。在这些情况下，亲密地分享啤酒往往不那么重要了，更重要的是社交。

有些人会花几周的时间来提前仔细研究啤酒节的名单，为了能尝到所有想尝的啤酒而制订计划。啤酒发售的前一天，他们结伴在酿酒厂外面露宿过夜，都想抢先买到新啤酒。这些人际间的交往强化了啤酒群体的联系，同时处于同一个地方的人们能和兴趣相仿的人交朋友。啤酒爱好者还经常和网络上的朋友讨论自己的计划、分享观点、希望、小建议，还会在大型活动开始之前在网上推荐当地的啤酒，大家都能从中得到更好的体验。

但社交媒体会夺走亲密的啤酒体验，几年前我去 3 号地窖(Cellar 3)时明白了这一点。这是一家由绿色闪光酿酒厂(Green Flash Brewing) 在圣地亚哥经营、现已关闭的混合酿酒厂。我去那里是为了和一个老朋友、当地的作家布兰登·埃尔德南兹(Brandon Hernández) 见面叙旧，但我们的关注点全在酒吧里另一头的一对情侣身上。那天晚上他们并不顺利，至少那位坐在酒吧里的女士不顺利。明显,她的约会对象在使用“未开瓶”这个手机应用程序，用户可以用它“登记”喝过的啤酒，实时评分，上传照片和发布短评。本质上，它和推特一样，区别在于这款程序的用户和酒友们唯一的关注点是啤酒。“未开瓶”非常受人欢迎。每喝一口或者尝试样品，那位男士都会在手机上说起喝到的啤酒，然后还要大声谈论他选择的啤酒在网络上得到了虚拟祝酒干杯。彼时,他的约会对象则望着酒吧的出口。

随着酿酒厂成了新的酒馆，啤酒文化失去了一部分魅力。人们仍然面对面交谈，但大家常常一只手拿啤酒，另一只手拿着手机。人们弯腰低头盯着电子设备,而没有进入啤酒的氛围,没有体会当下的真实时刻。我们的啤酒体验大多是个人化的,但很多人急于在网络上分享、吹嘘，征求意见，于是，喝酒的直接感受被像素、点赞和表情符号覆盖。

只有当我们（包括我自己）慢下来，体验的过程才会自然而有组织地展开，同时不必为下一个社交媒体时刻而担心，惊喜的事情自然会发生。人们会迸发更深刻的领悟，留下快乐的记忆，产生新的观点。

36 岁生日那天，我去俄勒冈州的波特兰附近参观卡斯卡特（Cascade Brewing）的混合酿酒厂。我的同伴杰夫·奥尔沃思（Jeff Alworth）是一位出色的作家、多产的博主兼优秀的啤酒思想家。我们原本只打算简单逛逛，但当主管酿酒师罗恩·甘斯贝格（Ron Gansberg）出来迎接我们时，杰夫笑了起来，低声嘀咕："噢，这下有意思了。" 5 个小时后，我们带着满肚子的、各式各样的陈年酸啤酒离开这里。奥尔沃思的判断一语中的。

啤酒需要在酒桶里放置一定的时间，酵母会慢慢地、不慌不忙地发酵。混合在啤酒里的新鲜水果在这段时间里逐渐成熟，呈现出深层的风味。在宽广、安静的空间里，漫步于一千多只酒桶之间，很难不慢下脚步去思考。我们正是如此（仓库里没有手机信号，也对思考有益）。甘斯贝格拿出每只酒桶的样品，深情而投入地谈论着酿酒的过程、陈酿和灵感。他讲述着自己的事业，还邀请我们去他的啤酒地窖品尝这家酿酒厂的历史。他在这个寻常的星期一下午把同事们叫过来，几个小时的时间里，随着每次拔出软木塞"嘭"的一声，甘斯贝格快乐甚至庄严地诉说着传统，他说自己最终要退休，年青一代的酿酒师总有一天要扛起大旗。

"五六年后，现在生产的啤酒味道将会很好，甚至更好。"他说，拿起一杯卡斯卡特黑莓麦芽啤酒，这是从 2007 年生产的第一批的最后一瓶倒出来的。亲眼见到这杯酒的那一刻大家激动万分，员工们心驰神往。“这就是我们为什么这样酿酒的光辉开端，”甘斯贝格对他们说，“请你们继续承担起酿酒事业，让它越来越好……永远赞美它。”

他的这番劝告和鼓励对我们所有人都很重要，并且不只是在啤酒行业中。我们要减少在电子屏幕前的时间，多参与社交活动。我们应该向酵母学习，吸收周围的一切。我们不必不停地点击“刷新”去看其他人在做什么。我们应该既享受私人时光，也享受和别人在一起的时候，我们在很久以后还会记得这些时刻。

离开山坡农场酿酒厂不到 24 小时，我到了佛蒙特州的温莎，坐在渔叉酿酒厂外面火堆旁的阿迪伦达克椅子里。我喝着第二杯印度淡色麦芽啤酒，一个同行的老顾客在我对面坐下来。“美好的一天，不是吗？”他问我，“你过得怎么样？”

那真是称心如意的一天。气温在 78 华氏度左右，湛蓝的天空中只有几朵蓬松的白云。一阵轻风拂过，苍翠繁茂的老树投下树荫。我们聊着工作、家庭、旅行，还有其他的生活经历。啤酒的味道好极了，但我们没有继续谈论啤酒，因为它只是生活的一部分。那天晚上，一位当地的乐手弹奏着翻唱的歌曲，人们跳起了舞。手机基本都放在口袋里，聊天的声音响亮欢快。

我意识到“什么是重要的”因人而异。对于山坡农场酿酒厂的人，抢到一瓶特殊的烈啤酒是件重要的事。对于渔叉酿酒厂的人，坐在那里聊天的人，喝着六瓶装的啤酒、在草地上玩卡片棋的人来说，重要的事情就是大家聚在一起，享受美好午后的户外时光。我们越是专注一旦一瓶酒在手会发生什么，如网络上的虚拟签到、转售稀有啤酒可能获取的利润、为了吹嘘而吹嘘，我们就越发偏离酿酒师的初衷和啤酒体验的本质：欢乐、赞美、发现。

我们一生时间有限，世上有很多值得享受的事物。当事关我们想在哪里喝啤酒时，酿酒商们开始想方设法让顾客们得到最多、最好的体验。现在获利最多的，是那些忠于他们的使命，酿造干净、优质啤酒的酿酒厂。

这是当代经济的一部分。

我记得刚开始周游各地参观酿酒厂的那段日子。很多酿酒厂都有着英式酒馆的氛围，比如南奥兰治郡的煤气灯酿酒厂。然后，随着越来越多的酿酒厂开业生产，他们经常占据旧的（便宜的）仓库。这样做并没有错误，只有一点除外，酒吧间像是事后补建的，并不关注有些人可能真的想来看看的事实。我记得曾去过一个这样的地方，我在洗手间里听到一个朋友向我打招呼。他正透过水泥墙上的一个小孔看着我。这是个极端的例子。早些时候，老顾客们常常遇到的问题是不配对的椅子、角落里破烂的音响、房间很久没人使用的感觉。照明很糟糕，屋子里不是太冷就是太热，我费了很大功夫才说服当时的女朋友（现在是我的妻子）和我一起去酿酒厂。

美国的酿酒厂已经超过了六千家，幸好厂主们在宣传方面花了很多心思。有些模仿葡萄酒厂的做法，创造空间，让我们这些喝酒的人可以和朋友们轻轻松松地玩一个下午，喝几种不同风格的啤酒,或者同一种啤酒喝很多轮。孩子们在那里玩耍，情侣们去那里约会，忽然顾客们就发觉，已经连着不知道第几个周六他们都在当地酿酒厂度过，而不是去酒吧。当然，有些酒馆对这种发展毫不满意。但作为支持地方产业和赞成喝新鲜啤酒的人，我认为这样非常好，我们这些啤酒爱好者有了适合我们心情的地方。

酿酒厂厂主们在思考自我表达的方式，以及思考在啤酒之外还希望如何被人看待。他们可能会到处观察，看看其他竞争者在干什么，观察别人是如何成功的，虽然这样也许很诱人，他们可能条件反射般地想仿效别人的例子，但如今大多数酿酒厂并不惧怕开辟自己的道路。

最近我去了我们这个州的一家酿酒厂，聊了一会儿当地的分区和市政管理问题，然后话题就转向了啤酒。我称赞了他们其中一款用当地产的蓝莓酿造的酵母小麦啤酒，新鲜的蓝莓把啤酒变成了粉红色。酒保还告诉我，这款啤酒不仅颜色好看，也很受欢迎，甚至最魁梧的男子汉们也喜欢它，它最像那些人想要喝的米勒淡啤酒（没错，我也很困惑）。它成了销量最好的啤酒。所以我点了一品脱，享受了一番，付了账，称赞了这款啤酒的酿酒师。

酿酒师毫不犹豫地回答，他厌恶酿造这种特殊风格。如果能由他来决定，他只愿意酿造黑啤酒和烈啤酒，因为那是他喜欢酿造，也喜欢喝的啤酒。

是什么原因阻止了他？

在美国，无论是联邦政府的、州立的，还是地方的所有酿酒厂，没有任何法律要求酿酒师必须能酿造多种酒，以满足所有进门的顾客。谁也没有规定酿酒厂需要酿造印度淡色麦芽啤酒。那位酿酒师可以在新泽西州经营一家烈啤酒酒厂，可以酿造让他得到灵感的啤酒，为真心热爱这种风格啤酒的人做咨询专家。他的销售人员可以追逐吉尼士的客户（科罗拉多州的左手酿酒公司用他们的牛奶氮气烈啤酒和吉尼士竞争的那种方式），扭转当地人的观点，他可以经营得很好，可以生产深色、烘烤风味的麦芽啤酒。

我的观点是，啤酒文化发展到现在这一刻，顾客们能发现自己喜欢什么啤酒，会去寻找生产这些啤酒的地方。喝啤酒的人群足够壮大，暂时看来，能支持当地酿酒厂生产酒徒们喜欢的啤酒。请记住，啤酒现在还不是热点。酿酒师们应该酿造他们想酿造的啤酒，尤其是在还有很多空间需要被填充的时候。相应的，我们也应该寻找我们想喝的啤酒。

最近，我在加拿大亚伯达省的一个会议上发言，当地法律的修改导致酿酒厂的开业数量激增。我对来参加会议的人们说，那些想自己开酿酒厂的人，如果他们想成为只生产塞森啤酒的酿酒厂、专门酿造传统窖藏啤酒的酿酒厂，或者像丹佛的黑色衬衫酿酒厂（Black Shirt）那样只生产各种各样的红色麦芽啤酒，他们都能做到。不必为所有的人酿造所有种类的啤酒。

以食物为例。有些糕点店只卖纸杯蛋糕，或只卖饼干。唐恩都乐失败，在很大程度上是因为它出售熟食三明治，可它的顾客只想要咖啡和甜甜圈。想吃墨西哥煎玉米卷，你就要去煎玉米卷做得好的地方。我对酿酒师们说，同样，如果人们除了英式淡啤酒不想喝别的，同时那也是你想酿造的酒，那么就建立这样的酿酒厂。没有必要取悦所有人。他们会被微妙之处里面的微妙之处的微妙所吸引。在本书的前面，我提到过丹佛的TRVE 酿酒厂，熟客们把它叫作“重金属酿酒厂”，那里恰到好处符合他们的口味。还有无数酿酒厂的例子，它们都专门选择了某一种音乐、文化、地域或历史。

酿酒厂如果忠于自我，就会既吸引当地的顾客，也吸引远方的客人。我觉得也许没有比刻痕酿酒厂（Notch Brewing）更好的例子，它在马萨诸塞州的塞勒姆。在我参观过的一千三百多家酿酒厂里，这家酿酒厂几乎是完美的（北卡罗来纳州米尔斯河畔的内华达山脉酿酒公司也是这片稀薄空气中的一个，但由于规模不同，将两者进行比较不公平）。刻痕酿酒厂有一位长期的新英格兰风格酿酒师——克里斯·洛林(Chris Lohring)，他花了很多年寻找酿造窖藏啤酒和储藏啤酒的最佳地点（他告诉我，有些人来了想喝印度淡色麦芽啤酒，在被告知此处没有这种啤酒后，他们就转身离开)。这里的装饰少而精，坐落在运河边。在阳光灿烂的日子里，升杯(liter mug）里装满了啤酒，铺了鹅卵石的院子里，海鸟的叫声错落响起，很难不欣赏这一切美好的细节。这里会让你流连忘返。可能来了几次以后，你才会明白，这里的陈设、装饰、干净而陈旧的砖石的感觉、墙壁上锐利的线条，都和克里斯酿造的啤酒互相辉映。

俄克拉荷马州塔尔萨的一家酿酒厂，美国索莱拉（American Solera），也是这样。啤酒被放在不同的旧啤酒桶里精心陈酿，用了陈年木材，酒吧间里充满陈年谷物的气味，桌椅看起来都很舒适诱人，由于用的时间久而变得更好。房间里的灯光半明半暗，音乐低沉、缓慢。这里的环境给人的感受和它的啤酒一样。

酿酒厂的酒吧间经常在最后一分钟随意搭建，有种大学里的兄弟会娱乐室的感觉，但幸好这样的事越来越少了。尽管啤酒可能很好，我也不想去那种地方打发时光（可能会买啤酒带回家）。

有一个有趣的现象：英国 2016 年的一项调查发现，比起金钱，英国人更重视时间。亨利中心（Henley Centre）做的这项调查中，约 41% 的调查人群表示时间是最宝贵的资源，只有 18% 的人认为金钱最重要。也许其他国家也是如此。

这是时间的经济。

无论我在哪里喝啤酒，啤酒节或酿酒厂，我都想得到最大限度的满足。如果走进酒吧，高昂的酒吧账单可能会保证质量，但这仍是其次。我说“可能”是因为酿酒厂生产的啤酒如果质量并非上乘，他们应该重新考虑什么才是重要的。这点很重要。酿酒厂如果明知啤酒不够好，有明显缺陷（比如双乙酰、氧化、二甲基硫醚造成的怪味），他们还是把啤酒灌入龙头，因为倒掉啤酒会伤害他们的底线，然后出售它。那么他们真的应该认真思考一下，自己在干什么。拿我们的钱换取他们明知有缺陷的啤酒，这是欺诈。

酒徒比以前机智多了。他们会发现哪里出了问题，并且可选择的啤酒很多，包括同一条街上的酿酒厂，消息很快就会传开。用不了多久，顾客们就会把钱花在其他酿酒厂里，生产劣质啤酒的酿酒厂只能责怪自己。无论酒吧间多么华丽，市场定位多么准确，编造出了多少促销神话，劣质啤酒仍然是劣质啤酒。扭转负面的公众认知需要时间，往往预示了酿酒厂存亡之间的平衡。

大量可能成为啤酒配料的物质有待发掘，但这种丰富往往会成为噱头和短暂的狂热。在“天上珠宝”麦芽啤酒发售的时候（记得吗，用月球尘埃酿的啤酒），我去了特拉华州里霍博斯海滩的角头鲨酒吧。我认识的一位酿酒师正坐在酒吧里，神情沮丧。我问他心情如何。“我们刚酿出来的啤酒用了一种配料，它不是这个星球上的东西，”他回答我说，“不知道接下来我们还会干什么。”

这是所有的酿酒厂现在要面对的内在问题。无论规模大小，酿酒厂需要让现有的顾客满意，还要寻找吸引新顾客的方式。放弃了啤酒味的啤酒，我们回头去找传统风格的啤酒，而现在我们很快就会去追逐潮流。

不只是啤酒面临这种情况。看看伏特加，这种很受欢迎的烈酒，常用来调混合酒。造酒的人很快就发现了可以制造出蔓越莓味或柑橘味的伏特加。然后又有了香草豆、巧克力软糖、樱桃馅饼、生日蛋糕等风味。现在有几十种风味的伏特加，几乎都朝着更甜的趋势发展。种类繁多的东西不仅有烈酒，还有麦片，甚至奥利奥饼干。人们不必只满足于老式的原味巧克力和奶油，大可选择柑橘、西瓜、香蕉船等味道，当然，还有生日蛋糕味。我们被商店货架上种类繁多的选择宠坏了，包括啤酒货架。

大部分人都更喜欢偏甜的风味，胜过咸味和苦味。这就是为什么近些年来酿酒厂生产加入甜味水果的啤酒，包括草莓和猕猴桃。为了满足这个需求，他们创造了全新的啤酒品种，包括新英格兰印度淡色麦芽啤酒和糕点烈啤酒。新英格兰印度淡色麦芽啤酒口感较柔和、浓厚，和先前的印度淡色麦芽啤酒相比，它带有更多的较甜的啤酒花风味。它的前味是潮湿的，犹如果味啤酒花的风味，质地和奶昔一样，倒进杯子里时，酒里还漂浮着没过滤掉的啤酒花和酵母残余物。糕点烈啤酒和你想象的味道完全一样。烈啤酒里通常已有巧克力或咖啡的香气，但现在有些种类的烈啤酒把糖和其他配料混合在一起，试图模仿出酥皮点心、蛋糕、饼干或其他甜点的味道。

一些资深酒徒对这类潮流感到气恼，质问啤酒的微妙细节哪里去了。而刚满 21 岁的新酒徒则认为这是他们这一代人的宣言。谁对？谁错？是否必须有对错之分？

我所认为的错误只有一个，即酿酒师忘记了自己的核心使命。如果杯子里的饮料喝起来再也不像啤酒，仍然把它叫作啤酒是否公平？酿酒厂忘了自己的目的了吗？我认为他们忘了。

调味麦芽饮料，简称为 FMBs（flavored malt beverages），发明它是为了模仿特定的风味。流行的品牌有“Not Your Father”的根汁汽水（Root Beer，和其他苏打酒精饮料）、推斯特茶、迈克（Mike）的柠檬水烈酒、四洛克（Four Loko）、百威的“鸡尾酒啤酒”（a-Rita）系列（比如酸橙丽塔、芒果丽塔、葡萄丽塔等）。这些饮料的包装通常类似啤酒，瓶装、罐装、散装，在商店里和啤酒龙头流水线上，它们就摆在啤酒的旁边。但严格来说它们不是啤酒。然而这些饮料极其受消费者欢迎，因此，酿酒商自然也想进入这个市场。

有些酿酒师对这个领域极为擅长，他们能够在啤酒里加入新的风味、叠加微妙细节，同时还保持对啤酒的尊重，让它最终尝起来仍然像啤酒：四大主要原料的混合物。如果我们忽视这些特质，结果就会为了改进而改进，用不了多久，我说的是从现在起至少几代人以后，未来的啤酒将会变得像我在啤酒花那一章里写过的理论配方一样。

我不记得从什么时候起，某一天，我开始不再分辨啤酒的风格。当然，我们知道啤酒源自窖藏啤酒酵母或麦芽啤酒酵母，但和很多事物一样，并不总是非此即彼。比如科尔什啤酒，使用的是麦芽啤酒酵母，但发酵温度是窖藏啤酒发酵的温度，而且，这是传统的方式，向来如此。按照惯例，酿好的成品呈现明亮、清澈的金黄色，但现在有些酿酒师酿出了“黑色科尔什”，向科尔什风格致敬，但看上去更像黑啤酒或烈啤酒。

反过来也是这样：现在市场上也有金色的烈啤酒。传统悠久、啤酒花味为主的印度淡色麦芽啤酒的名称缩写里，字母 A 代表“麦芽啤酒”（ale），它现在有了一个近亲，叫 IPL，那么，字母 L 代表什么，诸位应该能想得到 [1]。

几百年前，欧洲的酿酒厂雇用的是酿造传统啤酒的工人，他们完全按照配方酿酒，遵守非常详细的要求。德国专门有一项成文法来管理啤酒的配方，《纯净法》（Reinheitsgebot）。英国的酿酒师以严格挑剔而著名，按照一定的规范酿酒，有时以此来逃避过多的税收，更多的情况下他们酿酒一丝不苟则是因为顾客要求喝到可预知的味道。酿酒曾是一个刻板的过程，像制造瑞士手表那样精确细致，而如今这个过程则有了很多解读。

美国正在营业的酿酒厂有几千家，我很自信地推测，98% 的酿酒厂都会生产一种印度淡色麦芽啤酒。这是如今美国最流行的“精酿啤酒”风格，销量第一（来自美国信息资源公司 IRI 的数据，它是一家追踪行业销量的市场研究公司）。享受这种啤酒花啤酒的味道是一些喝酒人的荣耀徽章。为了满足这种需求，酿酒师更多地用这种风格的啤酒进行试验——但它本身也适合试验。水里的化学物质、谷物、煮沸的时间、添加的啤酒花、不同种类的酵母，以及其他任何酿酒师可能采用的偏方，都意味着印度淡色麦芽啤酒会像雪花一样，不会有两片一模一样的。

几年前，我担任过全美啤酒节的评委，评价第一轮印度淡

[1] IPL 是 India Pale Lager 的缩写，L 代表窖藏啤酒（Lager）。——译者注

色麦芽啤酒。几百种样品送过来，我们的职责是按照评审规则，挑选出符合这种风格要求的啤酒，并依次排名；评审规则里提供了标准参照法、酒精含量、啤酒花含量等参数，还有一些需要注意的问题，比如怪风味。每个评委每次都拿着十几种匿名样品，并且要对每种样品提出反馈意见。我很惊讶地发现，样品之间存在着那么多的不同之处，氧化作用、泡沫的持久程度、颜色、啤酒花的香气、收口时萦绕的苦味，还有其他方面，都各不相同。

啤酒评审是一份辛苦的工作，谁说不辛苦时别相信他。评审不仅仅是喝啤酒，啤酒的每个方面都要关注，需要放下先入为主的观念，以便判断啤酒是否合格。每个人品尝啤酒的方式都略有不同，在比赛中，要选出优胜啤酒，将自己的观点传递给其他人，颁发奖章，坐在同一张桌子上的评委们在品尝同一种啤酒时，观点也会大相径庭。

大约 25 年前，以啤酒花味为主的麦芽啤酒像说唱界那样，也存在着西岸和东岸之争。这场较量中没有动用武力，但也非常激烈。大体上，那时西岸的酿酒厂喜欢在配方里尽可能多地加入蛇麻素，而东岸的酿酒厂则偏爱麦芽的气息（这些倾向已经发生了变化）。按照经验法则，你如何判断在一个像印度淡色麦芽啤酒这样包罗万象的类别里，一种方法比另一种方法更好？最后，当获奖名单公布，选出获得金色奖章的冠军时，你会发现场面很像色情电影：你知道看见了什么。在这种情况下，应该是你知道尝到了什么味道。好的啤酒高于一切，印度淡色麦芽啤酒让啤酒花成为聚光灯下的焦点，其他原料都是它的坚强后盾。

然而,除了获奖,我们需要啤酒风格吗？既需要,也不需要。为了讨论这个问题，我们还以印度淡色麦芽啤酒家族为例。我们通常认为，印度淡色麦芽啤酒比淡色麦芽啤酒的啤酒花味道更浓、酒味更重，但和帝国印度淡色麦芽啤酒、双倍印度淡色麦芽啤酒相比，则显得清淡一些。很好。我们可以阅读评审规则里对每种风格的要求，下次出门喝啤酒时就用恰当的信息去判断。可问题是,酿酒师他们自己并不总是按照这些规则酿酒。

专业酿酒师常常还没有掌握原始的啤酒配方，就急于打破常规。这种特征便造成了如今的局面:历史在架子上落满灰尘，新的事物闪闪发光，吸引了所有人的目光。我们如何才能理解当下人们对印度淡色麦芽啤酒的狂热，无论是浑浊的新英格兰风格，还是深色麦芽味为主的黑色印度淡色麦芽啤酒（也被叫作卡斯卡特深色麦芽啤酒、美国深色麦芽啤酒），如果我们不喜欢以前的啤酒，接下来会出现什么？是否回归特伦特河畔伯顿的原始巴斯麦芽啤酒，或更早时期的啤酒？

为了证明印度淡色麦芽啤酒的硬核本质和啤酒花含量，几年前，旧金山地区有一群酿酒师合作酿造了一种啤酒，在2012年的精酿啤酒师大会上分发。瓶子上写着“淡色麦芽啤酒”，但实际上并不是人们所预料的风格——淡色麦芽啤酒是均衡的，酒精含量约5%——而这款啤酒更像是黏稠、潮湿的双倍印度淡色麦芽啤酒。一位酿酒师告诉我，这款打破常规口味的啤酒是他们所认为的淡色麦芽啤酒。我很害怕见到他们认为的双倍麦芽啤酒是什么样的。

地域对口味当然也有影响。总体上，西岸引领了现代印度淡色麦芽啤酒的发展，对啤酒花比南部更宽容，南部的现代啤酒潮流还没有形成。不同年代的人，口味也不同，比如年轻一代的酒徒近来就狂热追捧新英格兰印度淡色麦芽啤酒。

现在啤酒的选择如此繁多，每个人都能找到适合自己的啤酒。2017 年，酿酒商协会报告里的数据表明，大部分美国人住处的 10 英里之内至少有一家酿酒厂。如果住在丹佛或俄勒冈州的波特兰这样的城市，这个数字会更大。也许某一家酿酒厂的印度淡色麦芽啤酒不合你的口味，但另一家酿酒厂的同款啤酒也许就正合你心意。前面提到过，除了个别情况外，我不喜欢比利时四料啤酒。虽然作为资深啤酒爱好者，我说这种话带有亵渎意味，但我确实不喜欢。常见的风味混合物里，确实有些东西无法吸引我。当评委的时候，我会蒙上眼罩，抛开个人好恶，根据啤酒的优缺点进行判断，同时也借助同行其他评委的意见。

我了解自己的喜好，在新的酿酒厂买酒时，我会研究他们的风格清单。我希望不要在自己不可能喜欢的饮酒体验上花钱。还有，一般我会要一杯不属于我喜欢的风格的样品啤酒，比如四料啤酒，因为自从上次尝过它之后，我的味蕾可能已经发生了改变，也可能酿酒师采用了不同的方式，让我能以新的角度去品尝它。声明一下，我很乐意品尝维斯特福莱特伦十二世（Westvleteren XII），尤其是去它的家乡比利时的时候。这款啤酒被认为是世界上最好的四料啤酒。

总结一下我的观点：任何啤酒都应该先尝尝样品，再点最适合你的那种。你要做好会碰到每种风格啤酒的大量变体的准备。不要因为酿酒厂的黑板上写着“印度淡色麦芽啤酒”，就默认它很好喝（或会令人失望），像你曾经喝过的那样。如果喝到了喜欢的印度淡色麦芽啤酒，用这本书里讲过的品尝方法仔细分析它，挑出来符合你喜好的特点——它使用的啤酒花、麦芽，或其他特点。这将在你下次决定喝什么酒时，给你提供详细的信息。个人知识能在酒吧点酒时给予你力量。

也就是说，我意识到有这么多选择，在一个晚上尽可能多地尝试不同的啤酒是极大的诱惑。我很幸运，这份职业让我品尝了各式各样的啤酒。从专业角度参观酿酒厂，一次参观品尝的范围就能从印度淡色麦芽啤酒、大麦酒到烈啤酒。因此，当我去了几次当地我最喜爱的新酒吧后，有一天晚上，我刚一坐下，酒保马上就给我倒了一品脱乌奎尔皮尔森，这让我感到很惊讶。他观察到，虽然这里的轮转酒单上提供了很多生啤、瓶装啤酒、罐装啤酒，以及最新的和最好的啤酒，但好几次我都只点同一种啤酒，简单的经典啤酒。在这种大多数人认为普通的经典啤酒里，我重新发现了其中的微妙细节。

我熟悉乌奎尔皮尔森的味道，它始终如一。它既能融入环境的背景里，而当你去发掘它时，它又会显现出一些微妙的特点。辛辣的萨兹啤酒花带来胡椒的味道，杯子里的酒显得果断利落。皮尔森麦芽使啤酒口感充实，就像乡村面包一样。水质柔和、诱人，淡淡的水果味酵母酯中和了传统窖藏啤酒的清新口感。酒徒们总是在寻找下一个热门，酿酒商们也在努力为他们提供。而老式的、熟悉的啤酒中仍有很多东西有待发现。如果让酿酒师选择一种荒岛啤酒，他们会指着内华达山脉酿酒公司的淡色麦芽啤酒，原因在于这类啤酒不仅有辨识度，更重要的是它其中的细微差别，比人们通常所赞扬的还要更多更深。无论简单还是复杂，无论是吉尼士还是南瓜桃子淡色麦芽啤酒，好啤酒始终是好啤酒。这正是喝了一杯又一杯的主要原因。

酿酒厂想方设法吸引新的顾客，一旦顾客进了门，他们就会尽力把顾客牢牢地留住。如今留住顾客比以前三巨头统治啤酒业的时候难多了。安海斯 - 布希公司指望百威啤酒的酒徒们能足够忠诚、牢靠，对百威永远专一。米勒和库尔斯也有同样的想法。在消费品领域里，对强势品牌的忠诚很常见。有些人喜欢福特（Ford）卡车胜过雪佛兰（Chevy），有些人更喜欢百事可乐（Pepsi）而不是可口可乐（Coca-Cola），有些人喜欢趣多多（Chips Ahoy）而不喜欢雀巢（Nestlé）饼干。当可供选择的产品很少时，啤酒生产商只需在方寸之间做文章。长期以来一直处于劣势地位的米勒淡啤酒推出了“味道好，不会饱”的广告，试图让酒徒们放弃百威。作为回击，百威生产了百威淡啤酒，成了美国销量最好的啤酒。库尔斯淡啤酒长期位居第二，经典美国百威啤酒排在第四位，在米勒淡啤酒的后面。前五名里的最后一名是科罗娜。在过去十年里，这些品牌的销量大幅下降，这让股东们感到焦虑不安。消费者不再忠诚了。啤酒客们在印度淡色麦芽啤酒和烈啤酒之间相互切换，他们不关心股票价格，喝蓝带啤酒（Pabst Blue Ribbon）而不喝百威对他们来说并不是问题。它们喝起来都一样，蓝带还更便宜！

这就是几年前百威在“超级碗”上发布了一个名为“严格酿酒”的广告，毫不掩饰地抨击了那些颠覆了百威王国的啤酒新贵的原因。它似乎在嘲笑千禧一代，嘲笑往啤酒里加入水果、却过分操心香气和风味等优质细节的酿酒师。广告里说，百威绝不让步。他们在低温下储藏、发酵啤酒，用山毛榉木陈酿啤酒，他们是一个该死的美国机构，在你的曾曾祖父母出生之前就已存在。喝我们的啤酒，你就会尝到为之骄傲的真正的美国产品（百威英博集团的总部在比利时）。

小型酿酒商为这种轻蔑而愤怒，他们开始在社交媒体上进行反击。他们朝百威大吼，说百威不择手段，似乎忘了多年来他们自己投下的阴影。这场攻击一时间引起了特库杯（Teku glass）里的轩然大波。但很快人们又回头谈论起百威淡啤酒的吉祥物，一只叫斯巴兹·麦肯齐（Spuds MacKenzie）的狗。

在一片喧嚣中，人们多少忽视了一个事实，百威在西班牙也投放了同一个广告，并在西班牙语的电视台和广播节目播放完“超级碗”之后，还重播了几个月。除了说西班牙语的人，这家啤酒巨头还瞄准了一个新的消费群体：追逐美国梦的移民，他们辛勤工作、愿意做出牺牲、在第二祖国建立起生活和传统。他们的啤酒是百威，而不是时髦的精酿啤酒。百威是这个国家创造的啤酒，这家公司是由一位移民为很多移民创立的公司（百威英博集团还投放了一个广告，讲述关于酿酒厂创始人移民的虚构故事）。这家全球化酿酒商的举措很聪明，很有策略，它在美国由于进口啤酒而失去了一部分市场份额，尤其是来自墨西哥的啤酒品牌。

酿酒厂越大，就需要花更多的钱来说服我们消费。百威英博集团甚至有一个内部术语来衡量其广告活动的成功程度：喉咙份额（share of throat）。当我第一次听到这个说法时，我惊呆了，但我不应该那么吃惊。作为消费者，我们与这个品牌不是朋友。我们不是朋友，甚至连泛泛之交都谈不上。我们是它们赚钱机器的齿轮。如果我们当中有人不起作用了，它们就会换下这个齿轮。我知道这一点，但我还是觉得"喉咙份额"是侮辱人的，因此我打开钱包买啤酒时，会把钱递给那些重视我，而不是我的喉咙的公司。

仍是出于同一个原因，小型酿酒商在过去的 20 年里发展得相当好。他们没钱做惹人注目的电视广告，所以不得不依赖和顾客建立亲密关系。这种方式确实效果很好。但顾客也有他们想得到的东西，常常是这三个最有力也最危险的词：新颖、罕见、当地。最新一代成功的小型酿酒厂训练消费者不满足于啤酒的现状。他们教会酒徒总是期待得更多，要想得到新奇的东西。内华达山脉的淡色麦芽啤酒、新比利时的大轮胎（Fat Tire）、塞缪尔·亚当斯的波士顿窖藏啤酒，它们销量平平或下降，部分原因是它们不再符合那三个流行词语的界定。

能很好地赶上这股潮流的公司通常是小公司，是那些每年生产几千桶酒、每次发售期都大肆宣传的酿酒厂，它们把大部分的周六早晨都变成了啤酒发售的活动。某些酿酒厂娴熟地使用这种市场营销策略，例如，比斯尔兄弟（Bissell Brothers，缅因州的波特兰）、树屋酿酒厂（Tree House Brewing，马萨诸塞州）、延龄草（Trillium，马萨诸塞州）、另一半（Other Half，布鲁克林）、内沙米尼溪（Neshaminy Creek，宾夕法尼亚州）。那些在酿酒厂开门前几个小时就在门外排队等候的人，让他们赚了很多钱。顾客们想在社交媒体上保持更新状态，发布自己大清早排队等待只能在酿酒厂购买的限量啤酒。照片墙上的推送还不够快。

这些顾客希望感受到参与了比自己、比啤酒更大的事情，他们确实也做到了。酿酒师和酒徒之间、酒徒和酒徒之间建立起了联系，新的品牌忠诚就诞生了。当然，聪明的酿酒商知道他们不可能永远是舞会上的花魁，因为“流行词语”的产业模式从本质上意味着，总会有其他人成为最新的宠儿。因此，他们在俘获消费者的同时，也在用其他的方式吸引着他们，比如，炒作共同喜爱的音乐、电影、漫画或其他流行文化形象，以此来证实自己在特定群体中的街头信誉，让友好的印象根深蒂固，希望借此培养长期的忠诚。

寻求和消费者之间的联系是酿酒厂试图重塑品牌的原因。这在百威英博的米凯罗（Michelob）品牌身上尤为真实。二十世纪八十年代和九十年代，米凯罗鼓吹自己精密复杂。它的酒瓶独具一格，瓶颈用箔纸包裹，除了传统的窖藏啤酒，它还促销生产烈性黑啤酒和黑啤酒。销量趋势变得平缓、然后下降。这时，米凯罗接受了品牌重组：他们创造了一种低碳水、低卡路里的窖藏啤酒，向健康意识强烈的啤酒爱好者们宣传这款啤酒，尤其是铁人三项运动的参加者。米凯罗低卡淡啤酒（Michelob Ultra）现在已成为铁人三项的近义词。

最终的问题仍是消费者想要什么就给他们什么。如果想要发射到太空的啤酒，想要专为马拉松选手生产的啤酒，消费者都能得到。如果你相信，某种啤酒像疯狂的香蕉那么好，是因为你排了一整夜的队，直接从源头买到的，这好极了。重点是要记住那只是啤酒。它从来都不是一个无所不包的生命给予者和接收者，它就应该只是啤酒。

我们很多人忘记了这个事实，也包括我自己。我曾在推特和脸书上花了很多个下午，争论某种啤酒或某个酿酒厂不准确的说法，或者和一些人为了争吵而争吵。环顾四周，我发现其他人也和我一样。因为担心在网络上的名声，我们花了很多时间去咨询别人的意见，却没有自己拿主意或冒险。

人们很容易加入追逐新颖、罕见的当地啤酒的热潮，不去重新思考、赏识经典啤酒。这个时代会担忧啤酒应该是什么、啤酒可能是什么，却不考虑啤酒是什么，这样我们就忽略了啤酒最初令我们激动兴奋的原因。每次去新的酒吧、打开新的啤酒，都是打破循环的机会，能让我们专注于眼前的这一刻。

我喜欢报道啤酒行业，也喜欢喝啤酒，都是由于我接触到的，除了啤酒以外的一切。我了解了新鲜原料和种植原料的农民，知道了开启微生物新发现的科学家，认识了为了干净的饮用水而斗争的活动家和普通公民。我还接触到了新的音乐、电影、电视节目，了解了以前不熟悉的行业，还进行了很多有意义的谈话，交流生与死之间的一切。

我对啤酒的体会并非因为我从事的工作或认识的人而显得独一无二。你也可能遇到过相似的情况，这些情况发生时，你是否敏锐地注意到了旁边的啤酒并不重要。在更大的视角下，啤酒是一个象征。我们今天喝的每一品脱，都代表着无数代人之前已开启的旅程，这段旅程被才华和工业、激情和深思推动前进。它是科学、农业、创造力和冒险精神的最终成果。无论啤酒的风格、源头、生产者、目的是什么，它在我们的文化和社会场景里的比重在增大。我们必须观察当前啤酒复兴的趋势，看它会不会长期持续发展，它是否仍将是啤酒还是会演变成其他东西。我敢肯定的一点：此时此刻是尝试新东西、发现新地方、结识新伙伴的大好时机，而你只需手中拿着一杯啤酒。

后　记

那是 7 月的一个周四的晚上，在北达科他州的法戈（Fargo, North Dakota），我站在一家快闪啤酒花园里，四家当地酿酒厂的工作人员正在那里倒酒。机动车禁止通行，城里有狂欢节，街上行人熙熙攘攘。商人们把一部分东西挪到了人行道上，像是露天市场的气氛。啤酒花园的场所原本是一家固特异轮胎（Goodyear Tire）的店铺，已经关闭了很久。啤酒倒进塑料杯里，有人弹着吉他翻唱汤姆•佩蒂（Tom Petty）的歌，我陷入了沉思。

这场面既欢乐又怪诞：酿酒师们肩并肩地站在一起分发劳动成果，也是在竞争生意。当地的政客们引起了人们的注意，各经济阶层和各种职业的人们因为当地产的啤酒而来到这里，聚在一起，从公共电台主持人到牧场主，从书店老板到银行家。

我发现了一对年轻的夫妻，和任何带着一个月大的婴儿的父母一样，他们的眼神快乐而疲惫，婴儿在推车里睡着了，父母才得以有了片刻的安宁。我看着他们，每喝一口啤酒都露出赞赏的微笑。

这个场景让我有了全新的视角。一周之前，妻子和我第一次得知自己即将为人父母，我脑子里闪现着关于那个即将成为我女儿的婴儿的很多想法。而此刻，看着这对年轻的夫妻，我也因为将要把自己的孩子带到这个更大的世界上而激动，想要让她拥有有趣的经历。

人们很容易认为酿酒厂是粗陋的，到处是工业设备的地方（很多酿酒厂确实是这样）。而院子、酒吧间、公共空间则很受欢迎，它们是对家庭友好的地方。在禁酒运动之前，德国移民建立的德酿酒厂在设备附近（通常在公司院子里）开辟了公共园区，周末时一家人去那里休息，在树荫下野餐，当然，还要喝杯啤酒。

记得几年前在密尔沃基时，一个周五的晚上，我去湖畔酿酒厂参加他们举办的炸鱼野餐派对。波尔卡乐队弹着铜管乐器，踩着节拍，舞池里三代人一起跳舞，消耗卡路里。第一次约会的情侣紧张地小口喝着啤酒，老朋友、同事们在忙碌一周后在那里聚会。到处是碰杯的声音，空气里飘着快活的气息。

我在酿酒厂里和当地人度过了很多时光，体会到了最真实的美国。酒吧里聊天的话题很广，既有政治，也有粗鲁的笑话。人们聊着那些关于失去、爱、灵感和愤怒的故事。我很兴奋地想象着，有一天带女儿去这些地方看看，可能有些人会认为我这么做不负责任（当然我们还有和啤酒无关的活动）。

看到那对夫妻和他们的孩子时，我想到了上述这些画面。啤酒和啤酒生产者都会很好。美国的啤酒不是一时的热潮，不是我们饮食历史上闪现的影像。啤酒代表了根源的回归，表示我们热爱支持地方商业，它让我们的人际交往更亲近，让我们和朋友更亲密。

这并不是说前方就没有阻碍。2016 年，在前往北达科他州的一个月前，我和塞缪尔·亚当斯的吉姆·科赫谈起《关于啤酒的一切》杂志播客的第一集——“两杯啤酒之后”。和往常一样，话题转移了，我们谈到了世界上最大的酿酒商百威英博采用的策略。这家公司疯狂收购，买下了几家曾经的“精酿”啤酒厂，包括洛杉矶的金色公路（Golden Road）、科罗拉多的布雷肯里奇（Breckenridge）、伦敦的卡姆登镇（Breckenridge），等等。百威英博现在共拥有十几个“精酿”品牌。它利用并购发挥自己的优势，用现有的大酒厂的空间扩大那些小酿酒厂的产量，把各个品牌不同风格的啤酒打包捆绑卖给酒吧。酿酒师协会的茱莉亚·赫兹（Julia Herz）把这种方式称作“选择的幻觉”。走进一间酒吧，面前有鹅岛的印度淡色麦芽啤酒、蓝点（Blue Point）的烈啤酒、卡尔巴赫（Karbach）的琥珀色麦芽啤酒、四座山峰（Four Peaks）的苏格兰麦芽啤酒、10 桶的窖藏啤酒，可能还有符合国际风范的时代啤酒，以及百威淡啤酒，因为它仍然是美国销量最好的啤酒。在普通消费者看来，可选择的种类很多，每个人都能找到自己想要喝的类型。而事实上，所有的啤酒龙头都属于百威英博，所有的利润都会交给这家巨头公司。它一旦用这种方式接管了酒吧，就会竭尽所能不让竞争对手夺走这些啤酒龙头。

科赫用实事求是的语气告诉我：“它就是这样的。”如果百威英博想把美国前一百家精酿啤酒厂从大多数酒吧里赶走，它是能做到的。他说，虽然不会一夜之间发生，但百威英博能通过竞争性价格、深度占有市场的程度和三级分销系统的强大控制力，把大多数精酿啤酒厂挤出市场。

科赫的论调令我大吃一惊，我问他，作为一个拥有哈佛大学法学博士学位和工商管理硕士学位的聪明人，怎样才能阻止这种行为？没有办法，他耸耸肩回答。他们能够为所欲为。

可能真的如此。百威啤酒背后的公司从未在任何一场斗争面前退缩，总能踩中竞争对手的命门。在整个二十世纪七十年代、八十年代和九十年代初，百威英博对小型酿酒厂不太在意，因为那时它们对它而言毫无威胁，似乎只是一股风潮。当百威英博意识到情况不对时，先是防卫，然后开始攻击。结果就有了今天的庞大公司：它们持有多样化的产品目录，旗下品牌能满足各种不同的消费人群，同时不会背叛它们的所有权。

这就是商业游戏。一切努力都是为了成功，为了成为最好的，为了让股东满意、让雇员满意。百威英博如果想打败金铃（Bell's）、德舒特（Deschutes）、渔叉、角鲨头、新格拉鲁斯（New Glarus）、宁卡斯、阿拉加什（Allagash），等等诸如此类的酿酒厂，它能做到。代价不会小，场面不会好看，但“精酿”在过去几年里占有了12%的啤酒饮用市场，无法让精酿领域的大玩家不在意、不扩张。

但是，百威英博和其他大型酿酒商无法扼杀邻近的酒吧间。那些每年生产几千桶啤酒的酿酒厂，大多在自家院子里或当地市场上卖掉了。年轻的家庭在周六下午去这些酿酒厂休闲，朋友们周四晚上下班后去那里聚会。在这些有创意的、真实可靠的地方，人们鼓励同志情谊，在酿酒的人面前喝着他的啤酒，全面体会到手工艺的感受，周围是酿酒用的设备。

啤酒行业的发展令人晕眩。在我出生、成长的年代，美国没有多少酿酒厂是父母会放心让孩子进去的。只不过经历了一代人,家庭手工业已经生根且迅速发展。这一切令人叹为观止。

是的，啤酒行业发生了很多变化。合并与销售。供应链受到威胁，每周都出现新的潮流，连喜欢追逐新事物的酒徒都目不暇接。美国的酿酒厂比以往任何时候都多，消费群体不断增长，越来越投入。

我们手里拿着酒杯，要求得到不一样的东西，要有独特的风味，要求买当地的产品，这就已经能推动这场变革。每次提出这些要求，我们都是独立思考的人，是啤酒行业的守护者。

未来可能会遇到艰难,但喝啤酒依旧是一件非常美妙的事。有了我们的支持，有了明智的评论和拥护骄傲传统的激情，啤酒的将来会变得更好。

致 谢

"这真的是你的工作吗？"

这是人们最经常问我的问题。我把它当作记者在工作中的特权。这是我唯一从事过的工作，它让我每天都有机会和有趣的人交谈、学到新的东西、参观很棒的地方。报道啤酒行业是这份已然很好的职业中的亮点，尽管有时早起是很困难的。

写这本书的一大乐趣就是翻看旧文件，回顾我 17 年报道啤酒行业的经历，包括日历、采访、文章和回忆。完成这本书就像是重返一间大型酒吧，里面坐满了我的朋友、同事、酿酒师、提供线索的人、家人、途中遇到的有趣的家伙。

从 2004 年起，我在几家以啤酒为主题的出版公司工作过，这本书里的很多想法都来自这些年我写过的文章和采访。每一项工作任务都帮助我形成对啤酒的看法，让我成了更好的饮酒者、记者和消费者。感谢《麦芽酒街新闻》的托尼·福德（Tony Forder）和杰克·巴宾（Jack Babin）、《啤酒喜闻》的汤姆·达尔多夫（Tom Dalldorf），早期是他们给了我写啤酒的机会。《纽约时报》的老同事尼克·凯（Nick Kaye）当了《啤酒鉴赏家》的编辑，让我给他们写文章并担任助理编辑，我也感谢他。在《精酿啤酒与酿造》杂志，我很幸运地和一批专注的人一起工作，杰米·博格纳（Jamie Bogner）、约翰·博尔顿（John Bolton）和海顿·施特劳斯（Haydn Strauss）。我了解了很多关于家庭酿酒文化的知识，探索了啤酒行业里各个隐秘之地，不断地发现有趣的事情。

2013年到2017年我担任《关于啤酒的一切》杂志的编辑。这份工作很棒，对我职业生涯的影响和帮助超越其他任何工作。我会永远感谢当时的老板丹尼尔·布拉德福（Daniel Bradford），感谢他雇用了我，还跟我分享他对啤酒行业的智慧见解。与杰夫·奎因（Jeff Quinn）、丹尼尔·哈迪斯（Daniel Hartis）、肯·韦弗（Ken Weaver）、亚当·哈罗德（Adam Harold）、波·麦克米兰（Bo McMillan）、希瑟·瓦登格尔（Heather Vandenengel）等人共事，让我成了更有能力的编辑，也让我懂得了在协作氛围中工作的好处。荣恩·佩吉（Jon Page）是那时的编辑室主任，在他身上我学到了耐心和自律，以及面对逆境时保持幽默感的重要性。

每周一的下午5点，我去泽西市的拱廊酒吧（Barcade）录播客节目“偷走啤酒”。感谢酒吧员工，感谢帮我录节目的奥吉·卡顿（Augie Carton）、布莱恩·卡斯（Brian Casse）和贾斯廷·肯尼迪（Justin Kennedy）。由于节目里的感官分析，我已经成为一个更好的酒徒；来做客的嘉宾分享了他们的故事和智慧，使我受益匪浅。奇怪的是，我甚至还知道了一些葡萄酒的知识。

每位作家都应该有自己的英雄。在写啤酒时，我不但幸运地遇到了我的英雄们，还和他们成了朋友。他们是我的参谋、可信任的知己。他们也是作家、记者，他们的作品对于我的写作有很大帮助。无论何时与他们碰面谈论啤酒，都是美好的时光：克里斯·谢巴德（Chris Shepard）、莫林·奥格尔（Maureen Ogle）、汤姆·阿奇泰利（Tom Acitelli）、劳伦·布泽奥（Lauren Buzzeo）、安迪·克劳奇（Andy Crouch）、杰夫·奇奥莱蒂（Jeff Cioletti）、杰夫·奥尔沃思（Jeff Alworth）。

我还幸运地遇到了才华横溢的作家，和他们成为朋友，并且视他们为导师。我鼓励大家去读一读这些人写的东西：兰迪·穆沙（Randy Mosher）、斯坦·希罗尼穆斯（Stan Hieronymus）、皮特·布朗（Pete Brown）、卢布莱森（Lew Bryson）。有了他们，我们才都是受益的酒徒。

同时作为啤酒界的作家和编辑，我有幸地与既有才华又富有激情的记者和作家们一起工作，他们不知疲倦地辛苦挖掘真相，讲出好的故事，探索报道的新领域。感谢以下各位对我的支持和鼓励，让我更加努力：杰森和托德·阿尔斯特罗姆（Jason & Todd Alstrom）、汤姆·比德尔（Tom Bedell）、凯特·贝尔诺（Kate Bernot）、乔西·伯恩斯坦（Josh Bernstein）、杰伊·布鲁克斯（Jay Brooks）、杰西·巴萨德（Jesse Bussard）、托马斯·奇扎乌斯卡斯（Thomas Cizauskas）、马丁·康奈尔（Martyn Cornell）、梅丽·莎科尔（Melissa Cole）、杰克·柯廷（Jack Curtin）、克里斯蒂安·德贝内德蒂（Christian DeBenedetti）、德斯·德·莫尔（Des de Moor）、加里·丹泽（Gary Dzen）、杰夫·伊文思（Jeff Evans）、约翰·弗兰克（John Frank）、奥利弗·格雷（Oliver Gray）、提姆·汉普森（Tim Hampson）、威尔·霍克斯（Will Hawkes）、丹妮亚·亨廷格（Danya Henninger）、茱莉亚·赫尔兹（Julia Herz）、布兰登·埃尔南德斯（Brandon Hernández）、艾德里安·蒂尔尼-琼斯（Adrian Tierney-Jones）、尼克·凯（Nick Kaye）、本·基恩（Ben Keene）、卡拉·让·劳特（Carla Jean Lauter）、珍·利茨（Jenn Litz）、吉米·路德维希（Jimmy Ludwig）、诺曼·米勒（Norman Miller）、莉莎·莫里森（Lisa Morrison）、乔恩·穆雷（Jon Murray）、乔什·诺尔（Josh Noel）、罗恩·帕丁森（Ron Pattinson）、达鲁斯·保罗（Daruss Paul）、罗杰·普罗兹（Roger Protz）、丹·拉宾（Dan Rabin）、伊万·瑞尔（Evan Rail）、杰夫·莱斯（Jeff Rice）、埃里卡·里兹（Erika Rietz）、布莱恩·罗斯（Bryan Roth）、埃米莉·索特（Emily Sauter）、内特·施韦伯（Nate Schweber）、哈里·舒马赫（Harry Schuhmacher）、埃里克·谢巴德（Eric Shepard）、乔·施坦格（Joe Stange）、本杰·斯坦曼（Benj Steinman）、鲍勃·汤森德（Bob Townsend）、汤姆·特龙科内（Tom Troncone）、唐·谢（Don Tse）、杰勒德·瓦伦（Gerard Walen）、提姆·韦伯（Tim Webb）、乔什·韦克特（Josh Weikert）、布莱恩·雅格（Brian Yaeger）。

报道啤酒行业时，我幸运地采访了很多敬业的专业人士，和他们共度了美好时光。他们为我打开酿酒厂的大门，深度挖掘他们在啤酒各个方面的丰富知识，这不仅帮我完成了这本书，还有助于我其他的文章、杂志和播客。感谢以下各位专业人士：阿里·奥叙姆（Ali Aasum）、朱迪·安德鲁斯（Jodi Andrews）、泰森和安吉拉·阿普（Tyson & Angela Arp）、汤米·阿瑟（Tomme Arthur）、托马斯·彼得·巴里斯（Thomas Peter Barris）、珍妮佛·贝弗（Jennifer Baver）、罗杰·贝勒（Roger Baylor）、拉里·贝尔（Larry Bell）、劳拉·贝尔（Laura Bell）、维利娅·比辛考斯克斯（Vilija Bizinkauskas）、克里斯·布莱克（Chris Black）、埃里卡·博尔登（Erika Bolden）、马特·布吕尼尔森（Matt Brynildson）、戴维·布勒（David Buehler）、弗雷德·比尔特曼（Fred Bueltmann）、肖恩·伯克（Sean Burke）、乔·凯西（Joe Casey）、吉米·卡朋（Jimmy Carbone）、萨姆和玛丽亚·卡拉吉翁（Sam & Mariah Calagione）、戴玻·凯里（Deb Carey）、克里斯·科恩（Chris Cohen）、戴夫·柯尔特（Dave Colt）、格温·康利（Gwen Conley）、安迪·科波克（Andy Coppock）、彼得·克劳利（Peter Crowley）、克里斯·库兹米（Chris Cuzme）、杰瑞米·丹纳（Jeremy Danner）、卢克·德·拉德梅埃克（Luc de Raedemaeker）、米歇尔·戴曼迪斯（Michele Diamandis）、格雷格·恩格特（Greg Engert）、杰西·弗格森（Jesse Ferguson）、查尔斯和罗斯·安·芬克尔（Charles & Rose Ann Finkel）、杰米·弗洛伊德（Jamie Floyd）、杰西·弗里德曼（Jesse Friedman）、拉塞尔·弗鲁兹（Russell Fruits）、戴维·加德尔

（David Gardell）、保罗·葛扎（Paul Gatza）、安妮－菲腾·格伦（Anne-Fitten Glenn）、马蒂·哈格罗夫（Matty Hargrove）、克雷格·哈廷格（Craig Hartinger）、查德·亨德森（Chad Henderson）、史蒂夫·辛迪（Steve Hindy）、凯西·休斯（Casey Hughes）、玛丽·伊泽特（Mary Izett）、杰米·尤拉多（Jaime Jurado）、保罗和金·卡瓦拉克（Paul & Kim Kavulak）、汤姆·科霍（Tom Kehoe）、里克·凯彭（Rick Kempen）、玛丽和威尔·肯珀（Mari & Will Kemper）、吉姆·科赫、史蒂夫·库尔斯（Steve Koers）、布莱恩·库尔巴奇（Brian Kulbacki）、赖安·莱克（Ryan Lake）、艾什莉·勒迪克（Ashley Leduc）、杰瑞米·李斯（Jeremy Lees）、杰夫·莱文（Jeff Levine）、温迪·利特菲尔德（Wendy Littlefield）、劳拉·洛奇（Laura Lodge）、本·拉夫（Ben Love）、瑞克·莱克（Rick Lyke）、鲍勃·麦克（Bob Mack）、比尔·梅登（Bill Madden）、约翰·马莱特（John Mallett）、比尔·曼利（Bill Manley）、加勒特·马雷罗（Garret Marrero）、杰斯·马蒂（Jace Marti）、蒂姆·马修斯（Tim Matthews）、丽兹·梅尔比（Liz Melby）、山姆·梅利特（Sam Merritt）、威尔·迈耶斯（Will Meyers）、德里克·莫斯（Derrick Morse）、乔纳森·莫西（Jonathan Moxey）、丽贝卡·纽曼（Rebecca Newman）、斯科特·纽曼－贝尔（Scott Newman-Bale）、肖恩·诺德奎斯特（Sean Nordquist）、查克·罗尔（Chuck Noll）、尼克·纳恩斯（Nick Nunns）、杰夫·奥尼尔（Jeff O'Neil）、尚恩·欧·沙利文（Shaun O'sullivan）、戴维·奥尔登伯格（David

Oldenburg)、加勒特·奥利弗(Garrett Oliver)、杰西·帕尔(Jess Paar)、梅根·帕里西(Megan Parisi)、史蒂夫·帕克斯(Steve Parkes)、克雷·罗宾逊(Clay Robinson)、帕特里克·鲁伊(Patrick Rue)、本·萨维吉(Ben Savage)、格雷琴·施密德奥斯勒(Gretchen Schmidhausler)、史蒂夫·施密德(Steve Schmidt)、布莱恩·辛普森(Bryan Simpson)、休·西森(Hugh Sisson)、皮特·斯洛斯伯格(Pete Slosberg)、索博蒂(Soboti)家族、米奇·斯蒂尔(Mitch Steele)、沃尔夫·斯特林(Wolf Sterling)、乔恩·斯特恩(Jon Stern)、杰弗里·斯特冯斯(Jeffrey Stuffings)、特伦斯·沙利文(Terence Sullivan)、JC·特利奥特(JC Tetreault)、安迪·托马斯(Andy Thomas)、约翰·汤普森(John Thompson)、加里·瓦伦丁(Gary Valentine)、布雷迪·瓦伦(Brady Walen)、韦恩·沃姆布尔斯(Wayne Wambles)、波利·瓦茨(Polly Watts)、亚当·沃灵顿(Adam Warrington)、朱莉·威克斯(Julie Weeks)、拜伦·维奇(Byron Wetsch)、杰夫·沃顿(Jeff Wharton)、泰德·惠特尼(Ted Whitney)、迈尔斯·威廉(Miles Wilhelm)、马特·范·维克(Matt Van Wyk)、杰伊·威尔逊(Jay Wilson)、杰森·伊斯特(Jason Yester)、丽莎·齐默(Lisa Zimmer)。

每个作家都会说,你和你的编辑一样好。对于你手中的这本书,利亚·斯蒂奇(Leah Stecher)是关键人物,是每句话、每个段落、每个篇章后面的批评眼光和实力支持。写书并不容易,但是像利亚这么优秀的编辑让写书的过程多了那么一点乐趣。感谢基本图书公司（Basic Books）让我有机会写了这样一本书。感谢梅丽莎·韦罗内西（Melissa Veronesi）。最终这本书比第一稿（和第二稿）好得多，感谢默默无闻的真正的英雄——文字编辑。凯莱·布鲁斯特（Kelley Blewster）证实了现实中的英雄不需要身披斗篷，但可能会拿着一支红笔。非常感谢她。

我还要感谢我的文学经纪人，珍妮·斯蒂芬斯（Jenny Stephens），感谢她的引荐，感谢在写书的过程中，她一直是我的倾听者和鼓励者。

在过去的几年里，任何休息时间我都是和家人、朋友一起度过的，通常有啤酒相伴。然而因为有了这些人的陪伴，酒也变得更好喝：杰森·加赖斯（Jason Gareis）、卡蒂泽·奇马（Katie Zezima）和戴维·肖（Dave Shaw）、埃里克和杰米·罗森（Erick & Jaime Lawson）、乔和丽贝卡·比兰德（Joe & Rebecca Biland）、比尔·马洛依（Bill Malloy）、豪伊·韦伯（Howie Weber）、帕特·巴特尔（Pat Battle）、迈克·阿方佐（Mike Alfonzo）、约翰·克莱因切斯特（John Kleinchester）和娜塔莎·巴赫尔斯（Natasha Bahrs）、奥斯·科鲁兹（Os Cruz）。当然还要感谢我的父母，约翰和卡洛琳·霍尔（John & Carolyn Holl）；我的岳母特蕾莎·达西（Teresa Darcy）；我的兄弟姐妹，阿曼达和托德·蒂德（Amanda and Todd Thiede）、比尔和瓦莱丽·布朗森（Bill & Valerie Bronson）、丹·布朗森（Dan Bronson）、汤姆和玛丽·霍尔（Tom and Marie Holl）、吉尔和贝克特·摩尔（Jill & Beckett Moore），还有不断增加的侄子、侄女，外甥和外甥女。

我每天最好的时光就是回家的时候。我的妻子，艾普尔·达西（April Darcy）不仅是我的绝佳伴侣、女儿汉娜（Hannah）（我们的狗，胡椒）的好母亲，她还是一位一流的作家和我最好的编辑。她的见解、鼓励和每一页上的红笔批注（还有我写的其他所有东西）都帮助了我，没有她，我连这份工作的一半都不可能完成。但愿人人都能像我这样幸运，生命中拥有如此出色的人。

最后，感谢我所有的读者、播客听众，以及我在酒吧里、啤酒节、会议上、商店里遇到过的人们：谢谢你们的推荐、提醒和建议，让我看到了我所选择的这份职业竟然拥有一群如此投入和热情的观众。至于啤酒，最好的事物总会在将来出现。干杯！

参考书目和建议阅读

关于啤酒，有很多知识需要了解，从原料的种种细节到酿酒的详细过程。我认为最好的鉴赏啤酒的方式是深入阅读啤酒产业和啤酒文化的书籍，从它的历史、恰当的食物搭配、它的经济意义，再到家庭酿酒。我强烈推荐以下三本书，它们会帮你和杯中啤酒建立更深的关联：兰迪・穆沙的《啤酒圣经》（*Tasting Beer*）第二版［马萨诸塞州，北亚当斯：楼层出版公司（Storey Publishing），2017］；约翰・帕默（John Palmer）的《如何酿酒》（*How to Brew*）第四版［科罗拉多州，博尔德：酿酒师出版公司（Brewers Publications），2017］；杰夫・奥尔沃思的《啤酒品鉴大全》（*The Beer Bible*）［纽约：工匠出版公司（Workman），2015］。

以下是我这本书的参考资料。

Acitelli, Tom. The Audacity of Hops: The History of America's Craft Beer Revolution. Chicago: Chicago Review Press, 2013.

Brown, Pete. Miracle Brew: Hops, Barley, Water, Yeast and the Nature of Beer. London: Unbound, 2017.

Carpenter, Dave. Lager: The Definitive Guide to Tasting and

Brewing the World's Most Popular Beer Styles. Minneapolis, MN: Quarto Publishing, 2017.

Cioletti, Jeff. Beer FAQ: All That's Left to Know About the World's Most Celebrated Adult Beverage. Milwaukee, WI: Backbeat Books, 2016.

Cornell, Martyn. Strange Tales of Ale. Gloucestershire, UK: Amberley Publishing, 2015.

Daniels, Ray. Designing Great Beers: The Ultimate Guide to Brewing Classic Beer Styles. Boulder, CO: Brewers Publications, 1996.

Dawson, Patrick. Vintage Beer: A Taster's Guide to Brews That Improve over Time. North Adams, MA: Storey Publishing, 2014.

Hieronymus, Stan. For the Love of Hops: The Practical Guide to Aroma, Bitterness and the Culture of Hops. Boulder, CO: Brewers Publications, 2012.

Herz, Julia, and Gwen Conley. Beer Pairing: The Essential Guide from the Pairing Pros. Minneapolis, MN: Quarto Publishing, 2015.

Holl, John. The American Craft Beer Cookbook: 155 Recipes from Your Favorite Brewpubs and Breweries. North Adams, MA: Storey Publishing, 2013.

Mallett, John. Malt: A Practical Guide from Field to Brewhouse. Boulder, CO: Brewers Publications, 2014.

McGovern, Patrick E. Ancient Brews: Rediscovered and Re-

Created Including Homebrew Interpretations and Meal Pairings. New York: Norton, 2017.

Ogle, Maureen. Ambitious Brew: The Story of American Beer. Orlando, FL: Harcourt Books, 2006.

Oliver, Garrett. The Brewmaster's Table: Discovering the Pleasures of Real Beer with Real Food. New York: CCC, 2003.

Oliver, Garrett. The Oxford Companion to Beer. New York: Oxford University Press, 2012.

Sauter, Em. Beer Is for Everyone (of Drinking Age). Long Island City, NY: One Peace Books, 2017.

Steele, Mitch. IPA: Brewing Techniques, Recipes and the Evolution of India Pale Ale. Boulder, CO: Brewers Publications, 2012.

Tierney-Jones, Adrian. Beer in So Many Words: The Best Writing on the Greatest Drink. London: Safe Haven Books, 2016.

Tierney-Jones, Adrian. The Seven Moods of Craft Beer: 350 Great Craft Beers from Around the World. London: 8 Books, 2017.

Tonsmeire, Michael. American Sour Beers: Innovative Techniques for Mixed Fermentations. Boulder, CO: Brewers Publications, 2014.